智元微库
OPEN MIND

成 长 也 是 一 种 美 好

如分的完美
恰其

[德] 斯特凡·德德里希斯 著
韩昕彤 译

Scheiß auf perfekt!
Mit Mut zur Lücke glücklich leben

人民邮电出版社
北京

图书在版编目（ＣＩＰ）数据

恰如其分的完美 /（德）斯特凡·德德里希斯著；
韩昕彤译. -- 北京：人民邮电出版社，2022.9（2023.10重印）
ISBN 978-7-115-59393-1

Ⅰ. ①恰… Ⅱ. ①斯… ②韩… Ⅲ. ①性格特征
Ⅳ. ①B848.6

中国版本图书馆CIP数据核字（2022）第094583号

版权声明

◆　　著　　［德］斯特凡·德德里希斯
　　　　译　　韩昕彤
　　责任编辑　　张渝涓
　　责任印制　　周昇亮

◆人民邮电出版社出版发行　　北京市丰台区成寿寺路 11 号
　　邮编 100164　　电子邮件 315@ptpress.com.cn
　　网址 https://www.ptpress.com.cn
　　河北京平诚乾印刷有限公司印刷

◆开本：880×1230　1/32
　　印张：6.75　　　　　　　　　2022 年 9 月第 1 版
　　字数：200 千字　　　　　　　2023 年 10 月河北第 2 次印刷
　　　　著作权合同登记号　图字：01-2021-7027 号

定　价：59.80 元

读者服务热线：（010）81055522　印装质量热线：（010）81055316
反盗版热线：（010）81055315
广告经营许可证：京东工商广登字 20170147 号

我的名字是"没有人"，没有人是完美的。

——佚名

勇于直面现实的缺憾

关于完美，有些人称赞它让人们在质量和效率方面做到极致，有些人则认为它带来了多余的压力。哪种想法更符合实际情况？如今要不要追求完美？我们从何时起仿佛成了病态的完美主义者，又从何时起执着于追求表面的完美？不管我们得出什么答案，通常都对我们没有帮助，因为完美主义这个话题过于复杂，众说纷纭，让人眼花缭乱的观点只会扰乱我们的思绪。真正能帮助我们的是深入参与、探讨这个话题并真正找到适合自己的处理方式。

就完美主义这一话题，我可以"高歌一曲"！

多年来，我一直追求完美，拼命试图把一切做到最好，但即便如此，我依然觉得自己还不够好，并且必须比其他任何人更好。我对自己一直不满意，总将自己与他人进行比较，因此患上了严重的抑郁症，后来才艰难摆脱。我以两极分化的视角看待事物，做每件事时都会耗费过多时间，因为我会囿于完成一件事之前最后的细节处理。很多情况下，我甚至没有勇气开始做一件事，因为我认为无论如何我都无法做得足够好。过度分析使我麻痹，我把计划做得非常精确，反复质疑如何去做、如何落实，结果只是使进度更落后。

追求永远无法实现的更高水平的完美，使我越来越退缩不前，越来越不快乐。如今回想起来，我意识到，在事情能被我改变前，我首先要认清一点，那就是我在追求高不可攀的完美事业。

如果你也觉得自己过于追求完美，并认为这阻碍了你获得幸福，那么你一定要努力寻找驱动你、让你内心无法平静的真正原因，而所谓的完美只会掩盖真正的原因。

我年少时很想学习一门乐器却始终不敢开始，因为我的音乐老师一有机会就向我证实我多么没有乐感。当时我并没有意识到，无论我做得多么好，总会有比我做得更好的人——享受音乐比是否做到最好更重要！我花了很多年才明白这个道理，但当时我囿于不断将自己与他人进行比较，而不是与自己进行比较。

成长的意愿非常重要，然而在大多数情况下，我们并不需要过分追求完美。在我 45 岁那年，我终于下定决心学习一门乐器，但不是学习弹吉他，而是学习吹萨克斯。我当然知道我不能成为最好的演奏者，我也知道我永远不会演奏得堪称完美，但现在我会说"那又怎样"。学习乐器带给我很大乐趣，这就是意义所在！现在，我至少可以带着些许自豪，在朋友面前演奏一两首歌，我甚至在一小群观众面前表演过，那让我产生一种奇妙的感觉。我必须承认，我有时会错过拍子，有时会吹错，但有人注意到这些吗？没有。观众热情高涨，乐在其中。如果等到我可以完美演奏再上台，可能我至今仍然躲在后台。我的老师真的演奏得非常完美，他熟练又从不出错。如果我把自己的表现和他的相比，我早就放弃了。我唯一能做的是和自己进行比较，我每周都惊叹于自己的进步，享受自己的个人成长。

> 你唯一应该进行比较的对象就是你自己，也就是昨天的"我"。
> 从昨天到今天再到明天，你会慢慢成长为你想成为的"我"。

我还有其他发现：总想把事情做到 100% 正确，完全不符合我的个性。因为我缺乏自信，所以我总告诉自己，应该在所有事情上都做到完美。而实际上，我的优势在于从头开始做一件事并迅速实施行动。

我是一名"短跑健将"，可以快速开足马力。我可以高质量地完成大部分任务，但不擅长花费大量时间打磨细节，以达到完美。在许多情况下，人们花更多的时间来追求完美，而不是高质量地推进事物的发展。

请不要误会我的意思，有些场景，有些行业，有些产品的确需要追求完美。例如，如果一位厨师想成为星级厨师，那么最后的 5% 才是最重要的，这时再怎么追求完美也不为过。他必须投入足够的时间让一切变得完美，否则根本没有机会赢得"星级厨师"的称号。但是，当我为救援组织装载物资时，救援物资在车上堆放整齐、牢固就够了，并不需要堆放得完美。曾经有一位让我们非常感激的伙伴，但他在装载救援物资时非常小心，以至于我们装载一辆车的物资平均需要将近八小时而不是正常所需的四小时。他仔细查看每个零件，检查如何最好地堆叠和固定物资——这对其他人来说是一个巨大的负担。诚然，在那位伙伴的努力下，说不定一车可以多装三张床垫，或者到达目的地后可以少一张有轻微划痕的椅子，但为此所付出的额外努力与得到的回报根本不成正比。

许多人在工作和日常生活中都沉浸于"追求完美"这一执念，不能正确评估眼下的情况。他们犹犹豫豫，不能立即开始一个项目，或者常常错过进入市场的最佳时机，只因觉得自己与完美还有差距。追求完美在此时变成了枷锁、阻碍和不幸。但我们真正需要的是勇于直面缺憾，敢于接受不完美，宁愿不完美地开始前进，也不要完美地等待，以致最终失败。

在这里，我不是要为你提供解决方案或成为"全新自我"的建议——因为没有人能做到这一点。每个人都有权拥有自己的思维方式、处世方式和意见。我的目标是为你提供动力，让你重新思考自己看问题的方法，持续优化这种方法并看到其他人的观点。尤其是在你使用"旧方法"却没有达到想要的效果时，我可以给你提供一些动力，让你从另一个视角看待自己的生活和行为。我不能保证书中的每一句话都是有十足的科学依据的，也无法包罗万象（当然，我会尽我所知地列出所有引用部分的来源和我深入阅读的文献），我所列举的例子均来自现实生活，是我的亲身经历或周围人的经历。读完本书，你会对我个人和我的生活方式有很多了解，如果你愿意，你可以运用这些经历带来的启示帮助自己成长。

生命是有限的，你可以自由选择如何塑造它——你只需要诚实地对待自己，认识到自己是谁，明白该怎样生活。我无意干涉你的生活，告诉你是非对错。然而，我的目的是让你觉察到你的不安，让你思考，让你重新审视你的生活和行为。你可能并不同意我的说法，也可能会对某些说法产生思考，抑或完全赞同某些观点。正所谓"一千个人眼里有一千个哈姆雷特"，每个人都是不同的，有自己的观点、经历和生活方式——这正是我们每个人都很独特的原因。

生而为人的好处在于，我们一生都可以学习，可以发展和改变自己。同样，我们是否要这样做，如何发展与改变也完全取决于我们自己。而且，改变自己永远不会太晚。

在我构思本书的过程中，我注意到很多书对完美主义进行了非常消极的描述。我的观点是：完美主义是一把双刃剑，既不好也不坏。利弊完全取决于具体情况和目标。然而，完美主义常常成为一种束缚，在生活中的很多领域都有必要解开这种束缚。

为了让你能充分利用本书，我整理了一个小测试，在本书"测试评估"部分能找到对测试结果的评估。它能帮助你更好地了解自我，并为你提供不断进步的动力和方法。你在测试时要填写你第一时间想到的答案，而不是"完美"的答案。

现在，请享受你的阅读时光，并且阅读时不必以完美主义的方式仔细推敲每个词的含义。

祝你阅读愉快。

你有多追求完美

让我们先了解完美主义在多大程度上影响了你的生活，以及在多大程度上阻碍了你追求幸福——或者推动了你的进步。下面的小测试将帮助你更好地评估自己。

请回答以下这些描述在多大程度上符合你的状况，"非常符合"计2分，"部分符合"计1分，"不符合"计0分。测试结束后，请将分数相加（见表I）。

在本书的"测试评估"部分，你会找到几个解决方案，它们或许能给你带来某些启发。

表I 测试评估

描　述	非常符合	部分符合	不符合
我一直想在生活的各个方面都做到最好	2	1	0
我为自己设定了极高的标准，但很少感到满意	2	1	0
我希望别人总能尽最大的努力	2	1	0
我相信其他人期望我做到完美	2	1	0
完美主义的态度让我的生活变得轻松很多	2	1	0
完美主义不会影响健康	2	1	0

描　述	非常符合	部分符合	不符合
"你是一个完美主义者"或"你做得很完美"这句话对我来说是莫大的赞美	2	1	0
我总觉得其他人做得不够好	2	1	0
完美的人很快就会得到别人的最高认可	2	1	0
当我完成一件事时，我会立即开始做下一件事	2	1	0
我很难享受成功或庆祝成功	2	1	0
我希望亲密关系、家庭生活和朋友能让我感到快乐	2	1	0
我想在别人眼中永远优秀	2	1	0
"成为最好的"对我来说才算得上好	2	1	0
我为父母做的事情还远远不够好	2	1	0
我无法描述什么是过上充实和享受的生活	2	1	0
我经常怀疑自己	2	1	0
我更愿意自己做任务而不是委派他人	2	1	0
我害怕犯错和失败	2	1	0
我非常害怕被拒绝	2	1	0
我喜欢计划和控制一切，哪怕是最小的细节	2	1	0
在我开始做一件事后，对我来说唯一重要的事就是结果	2	1	0
我总是需要很长时间才能做出决定	2	1	0
我发现承认弱点和错误很难	2	1	0
我发现设定切合实际的目标很难	2	1	0
我讨厌不完美	2	1	0
我从不满足于我所取得的成就	2	1	0
我喜欢计划和创建各种计划表	2	1	0
我重复做一切事物，直到完美为止	2	1	0
我喜欢做检查把关的工作，最好能多检查几次	2	1	0
我的总分			

理解完美主义

在本章，你将认识你的完美主义程度，并结合文前的小测试更好地了解自己。

之后，我们将从本质上对完美主义进行思考。我们的目标是，你能在读完本章后说出自己对完美主义的理解，并且能够做出评判，即你是被完美主义所困，还是能从完美主义中受益。

正常程度和神经质程度的完美主义的区别

《杜登德语大词典》对"完美"的解释是"尽善尽美",完美这个概念通常被理解为对尽善尽美的追求。

从科学的角度看,人们大体上把完美主义分为两类。心理学家克里斯蒂娜·阿尔斯托特－格莱希(Christine Alstötter–Gleich)将其分为健康的完美主义和不健康的完美主义。在研究中,这两类完美主义也被称为"适应型完美主义"和"适应不良型完美主义"。1978年,美国心理学家唐·E. 哈马切克(Don E. Hamachek)就对"完美主义"进行了研究。他提出要区分两类不同的完美主义——正常程度的完美主义和神经质程度的完美主义。在接下来的分类和解释中,我们也会采用这种区分方式。

正常程度的完美主义于个人而言像是"助推器",可以推动我们追求更大、更高、更好的目标。它助力我们设定并完成目标,将不可能变为可能;它帮助我们成长,脚踏实地、不断进步;它让我们成为更好的人,拥有更开阔的眼界。正常程度的完美主义有许多积极意义,如果没有它,人类文明恐怕不会取得今天的成就。

正常程度的完美主义者总追求更好，他们尽"150%"的努力，比别人"走更多的路"，对自己要求很高，但他们同时也接受人总会犯错——无论自己还是他人——这一事实。当然，正常程度的完美主义者面对挫折和自己犯下的错误时，也会感到沮丧。但挫折和错误会激励他们不断提升自我，在未来避免犯错。他们不会把这些挫折和错误归咎于自己没有能力或毫无价值，他们对自己的能力有清楚的认知，同时利用每次机会，从过往经验中学习，持续发展和完善自己。

正常程度的完美主义者在达成目标、完成计划或实现自我成长后，会感到快乐，其自我价值感和自信心也会得到提升。他们享受成功和成功带来的情绪体验，可以察觉到改变并为之欣喜。他们追求进一步的提升，但不会担心已达成的目标还不够好，也不会不停地责备自己不够完美。他们能享受已取得的成功，同时也期待进一步完善自我，实现下一个目标。

神经质程度的完美主义者看待问题的方式则截然不同。他们不会为已取得的成就欢欣鼓舞。已达成的目标不会让他们感到幸福，甚至不会被他们看作成果。他们一直觉得自己还不够好，觉得自己本能把事情做得更好，总在自我怀疑。神经质程度的完美主义者意识不到自己已经做成了很多事情，这造成他们害怕失败，缺乏自信。他们总觉得自己没有全力以赴，还能做得更好。这种想法严重时会诱发抑郁或其他心理和生理疾病。他们意识不到，其实有些事情他们已经做得很好了。就算既定目标实现了，他们也不会有成就感。他们总觉得："肯定不止如此！"

神经质程度的完美主义给人造成了如此大的压力，以至于神经质程度的完美主义者的创造力、执行力和转换看事情视角的能力受到了严重限制。然而，这些能力通常是优化和推进事物发展所必需的。神经质程度的完美主义者对完美的追求近乎病态，他们与其说是在追求完美，不如说是喜欢完美这一概念，喜欢无懈可击的感觉。通常，神经质程度的完美主义者会表现出回避行为，因为只有表现完美，才不会受到批评，他们的主要目标是追求安全感，但他们永远无法实现这个目标，因为不存在"完美的完美"这种东西。

正是真正享受已取得的成就并对其进行积极评价的能力，以及提升自己、变得更好的愿望，将正常程度的完美主义者与神经质程度的完美主义者区分开。

近年来，追求完美的人似乎较之前有所增加。数据显示，越来越多的人患有强迫症神经质，因过度追求完美而病入膏肓。由于过度追求完美以及随之产生的压力，诸如抑郁、倦怠，还有胃肠道不适、头痛、背痛、心悸、头晕、慢性疲劳等疾病变得越来越普遍。

"如果我们生来完美，那么生活有什么好的呢？"

安克·玛格高尔 - 基尔舍（Anke Maggauer-Kirsche，1948）

我年轻时曾屈服于这种神经质程度的完美主义。那时，我达成了何种目标或满足了什么提升自我的要求都不会让我感到开心，因为我无法将其视为成就。当我犯错时，我认为一切都是我自身的问题，这让我觉得自己一无是处，什么都办不好。这是一个恶性循环，因为这些感觉促使我更加努力，想要变得更好，更觉得自己一无是处。我陷入了完美主义的陷阱，整日郁郁寡欢。我在我的作品《制造幸福的奥秘——好在有方法》一书中提到过这件事，这里就不详细介绍了。有一件事是可以肯定的：我没有意识到自己的处境，没有发现自己陷入了完美主义的陷阱。

追求卓越不是问题，问题是我无法认可成就，在取得某些成就时，我不允许自己有快乐的感觉。可以说，缺乏自信、缺乏自爱，是过度追求完美的原因。我屈服于一种谬论：我得到的认可会让我越来越快乐。当时，我没有意识到自己需要做出改变。

追求完美是优点，也是缺点

完美有其存在的权利，这是毫无疑问的。在许多领域中，完美甚至是必不可少的。例如，如果你要跳伞，那么完美至关重要，因为这关乎生死；如果你要潜水，那也是如此，因为如果只是"很好"地检查了设备，后果也不堪设想。每当个人的生命取决于某件事，完美的准备就是在为生命保驾护航。

我不想让人觉得追求完美本身是一件坏事，但它确实可能变成一件很消极的事。当以正确的度、在正确的地方追求完美时，它是非常可取的，因为它可以挽救生命并帮助人们取得巨大的成功。如果我们过去没有在正确的领域追求完美，人类可能永远不会登上月球，可能只有像蜗牛一样慢的交通工具，可能"进步"一词根本无从谈起。在某些领域，有完美主义者是好事，他们认真对待自己的任务，有时甚至过于认真。是的，他们的"较真"有时会惹恼我们，让我们达到忍耐的极限。这些人也很少能称得上快乐，他们经常因追求完美而感到痛苦。公众应该因为这些人的存在而感到幸运。

如果你想在一级方程式赛车中赢得世界冠军，就不可能不追求完美。赛车的每个零部件、每个齿轮都必须完美匹配，只有这样，才能最大限度地发挥车辆的优势。每个机械师、每个装配工、每个测试员，当然还有每个赛车手，都必须付出全部努力。每个人都很重要！赛车手一遍又一遍地在相同的赛道上跑圈，以此优化在换挡、加速和启动赛车时的操作。每个动作都应追求无懈可击，如果你处在这个位置上却不追求完美，那么你不会有任何成就。

每当追求绝对顶级的性能、想要打破纪录，或者涉及重要的细节，就必须追求完美。但即使在这样的环境中，对完美保持积极的认知也很重要，即完美本身并不是目标，而是服务于某个目标的。认可自己的表现并对此心存感激是很重要的，你要对实现目标保持清醒的认知，即便你没有达到目标，也不要给自己贴上"失败者"的标签。这方面的边界较模糊，真正的挑战是识别出目标已完成80%、90%还是100%。

一方面，我们要力求完美并为之不懈奋斗；另一方面，我们也要认可结果并对此感到满意，哪怕其实我们可以做得更好一点。

仍以一级方程式赛车为例，这项运动永远不可能有再也无法超越的最佳成绩，因为总会有新的手段不断推动赛车的性能和车手的驾驶技术进步。去年的完美在今年可能过时了，接受这点是一个很大的挑战。不管是在事业中还是在生活中，之前用不懈努力和尽心竭力的付出取得的成就，在当下可能会变得微不足道，只有接受这一事实，你才有可能培养幸福感，否则你将永远追逐一个无法触及的目标。

你可以看到，问题不在于完美主义是优点还是缺点。因为完美主义既是优点，也是缺点。在正确的地方以正确的方式应用，完美主义就是幸福和积极的东西；在错误的地方应用或以病态的方式应用，完美主义就是缺陷和障碍。区分二者的关键在于，认识到什么时候追求完美是合适的，什么时候它会变成绊脚石。然而，这种评估对于完美主义者来说恰恰非常困难。他们对完美的追求阻碍了他们对完美主义何时会成为绊脚石的评判。如果我们有一个可以根据情况适当调整行为的开关就好了，这样我们就可以自如地开启或关闭完美模式。但不幸的是，事情并没有那么简单。

在完美主义的回音室中

现在，我们知道了正常程度的完美主义和神经质程度的完美主义之间的区别。当完美主义变得神经质时，它无疑会带来消极影响。那样的话，追求完美会阻碍一个人过上幸福的生活，因为他永远不会产生满足感，会忙于怀疑自己，不断想变得更完美。他紧张而固执地想要取悦自己和其他人，以求获得更多认可。

> 神经质程度的完美主义者掉入了完美主义的回音室，他们的世界变得狭窄而局促，因为他们只关心如何把事情做得更好。

通常情况下，完美主义者是个可爱的人，他们只是不相信自己，觉得自己不值得被爱，这导致他们进入进退两难的境地。他们如此坚信自己首先要赢得别人的认可和喜爱，以至于在体验到这种认可和喜爱时，他们自己反而没有注意到。完美主义者被困在完美主义的回音室里，觉得别人的认可和喜爱只与他们的生产力有关。"我越完美，人们越容易接受我"是他们坚信的信念。他们并不觉得自己真正属于自己，并且努力与被排斥感作斗争，如同被困在轮子里不停奔跑的仓鼠，周而复始，无法停下。

一方面，如果没有这类完美主义者的坚定决心，许多发展和进步不可能实现；然而，另一方面，当我们看到著名的完美主义者时，我想不出有谁可以说自己过着充实的生活并且很快乐。难道我们不应该在生命快结束时对自己说"我这一生很快乐"吗？度过快乐的一生不应该是我们的追求吗？每个人都必须回答这个问题，没有人可以逃避。你必须自己决定你的完美主义对你来说是否如此有价值，以至于你愿意放弃你生活的某个部分来追求它。

花点时间思考

对于完美主义者来说，只有对完美的追求才能驱使他们走向卓越，取得巨大成功的情况在他们身上也并不少见。这些成功证实他们走在正确的轨道上，正在做正确的事情。就一个人自己的愿景而言，这一结论可能也是正确的。然而，人际关系和你自己的幸福都会受此影响，个人的健康和活力也经常因此受到影响。如果你愿意付出这样的代价，并且只关心自己的愿景，那无可厚非，这是你自己做出的选择。只是，你应该意识到你付出的代价是什么。

你对这件事的态度是怎样的？

完美主义的枷锁

过度追求完美对每个人来说都并非易事，它对我们提出了苛刻的要求。这些要求很快就会导致一个人长期产生不满足感和不安全感，使一个人无法获得快乐，总感觉自己永远无法达到完美的状态。无论多么努力，都总认为自己做得不够好。这种内在的压力和不满使人无法发挥应有的创造力和生产力。最糟糕的是，过度追求完美会让人感到沮丧，甚至因此患病。

去不成的南非之行

我的一个好朋友告诉我，他很想去南非旅行，想去开普敦爬桌山[①]、看鲸鱼、参观鸵鸟养殖场。他还想在荒野中过夜，晚上听动物们的叫声，早上徒步旅行。在日出时观察狮子、大象、长颈鹿和犀牛。他会看到大群瞪羚站在水坑边，和他彼此对视。他想象着他将如何在几乎无人到达过的自然环境中驾驶吉普车并驶过土著部落，而那些土著几乎全裸地坐在草原上，手持长矛。他们会邀请他到营地中，每个人都在暮色中跳起舞，唱起歌。

当我问他为什么没有实现他的梦想时，他说他可能一生只会去一次南非，这就是为什么他希望这次旅行是完美的，一切都必须恰到好处。我们的讨论发生在十年前，朋友们，十年！他如此生动、如此清楚地告诉我他的梦想，然后十年间，什么也没发生。恐怕，未来十年内他也不会去南非。因为他永远无法实施他所说的完美计划，所以未来十年内，他也不会实现他期望的完美。

我的好朋友的拖延与金钱、时间或进行长途旅行的机会无关。他有足够的钱；如果他真的想要做一件事，他一定可以找到时间，更别说是在十年内找到时间。他只是忙于思考如何让他的计划更完美，他对完美的痴迷使他无法简单地体验和享受这段美好时光，无法在此过程中实现自己的梦想并感受幸福。我想，这次旅行不会是他搁置的唯一一件事情，因为很多事情对他来说都还不够完美。

---

① 位于开普敦市，意为"海角之城"。——编者注

这个情景对你来说是不是很熟悉？也许你自己或你周围的人也在做这样的事。你们总是等待完美的时机，总是等待一切都计划完美，这将导致永远不会有实现计划、梦想成真的那一天。这也是拖延的形式之一，是一种"拖延症"。

你知道将来会发生什么事吗？你知道未来十年会发生什么事吗？良好的计划、良好的准备、良好的组织——好吧，但不要让对完美的不必要追求阻碍你抓住机会。完美的时刻、完美的计划在这世界上并不存在。事实上，这只是因懒惰和缺乏决断力而找出的借口。

回到我的好朋友：一旦他开始旅行，他对这段旅程的感受完全取决于他在头脑中的设想及他感知和判断这段旅行的方式，与他准备得多好或多差无关。他是否热爱这段旅行，不取决于他考虑每件事时的周全程度，而取决于他在旅途中允许他自己产生的感受。如果在旅途中他只专注于确保一切都是完美的，他的目光就会一次次落在不完美的地方。他将继续被困在完美主义的回音室中，忙于处理不重要的事情，忘记享受美好的时刻。他会注意到成百上千种他没有计划到的情况，会像被磁铁吸引一样，只能看到消极的时刻和情况。他永远也无法如想象中那样实现完美的想法。因为生活不是想象，生活不存在完美。我们在挫折中成长，只有当一切都不完美时，当不可预见的事情发生时，我们才会体验到真实的情绪。是的，在那些时刻，我们希望现实有所不同，我们不希望出现意外情况，希望一切都顺顺利利地进行。

　　然而，回想起来，往往正是那些不可预知的情况成了生活中的调味剂，让我们感受到真正的快乐。

　　在完美的计划中，我的好朋友不会考虑到飞机在出发时会延误，不会想到夜晚燃起的篝火旁会有成群的蚊子等着他，也不会料到鸵鸟会猛烈地啄他，他也有可能突然遇到狮子，撞到足以让他受到惊吓的土著，他的吉普车在前往营地的路上也可能会发生故障。这些事件中的每一个看起来都像心上的刺。他因为过于追求完美，所以无法享受当下，无法把不可预见的情况当作可喜的变化。但正是突发事件、蚊虫叮咬、与猛兽相遇、车辆故障——所有这些旅行中发生的意外，这些舒舒服服地坐在家里的沙发上绝不会遇到的事，使这次旅行成为一次难忘的冒险。

　　这一切都发生在他的脑海中。他可以决定自己对旅行的感受，把它当成宝贵的经历或一场灾难。完美阻碍了我们对积极事物的感受，无论他如何安排计划这次旅行并考虑到所有可能发生的情况，都会出现打破他的完美计划的情况。不一定需要什么大事件，一些小细节就足以让他的内心失去平衡。之后他就会出现很多不良情绪，比如不满、沮丧、自我怀疑。他会想，我为什么没有考虑到这一点，我怎么能忽视它，为什么我事先没有想到？完美主义的枷锁会将他越捆越紧。

　　良好的准备、深思熟虑的计划和对可能出现的问题与风险的现实评估并不等于完美主义，旅途中可能经常会出现预想不到的情况。去之前，应考虑哪些疫苗是必须接种的，应该去哪些地方，想体验什么，尽可能清楚地了解自己希望获得的体验——所有这些都非常有意义。做好旅行规划和提前计划后对快乐的旅途抱有期待，绝对是值得做的事。我们从积极的幸福研究中得知，通过思考意想不到的快乐时刻，人可以释放出让人产生幸福感的荷尔蒙——多巴胺。这可以创造一种短暂但爆炸性的幸福感。仅仅通过思考快乐的情形，我们就能体验到真正的幸福。这种方式会使这次旅行在很多方面都让我们感到愉快。然而，它只有在我们能聚焦于美好的前景，避免过度追求完美和关注事物的消极面时才有效。

不完美的完美解决方案

几年前我在做软件销售时，一家公司提出，需要一个互联网平台的接口。有了这个接口，客户在平台上传输数据后，这些数据会自动传输到我们的软件中，如此就不必重复传输了。这样的接口以前是不存在的，每一条数据都必须在管理界面中被费力地重新输入。我们的竞争对手也没有提供这一功能。我把这个要求从销售部门提交给开发部门，让他们评估能否满足。开发部门得出结论，有两种可能有效的解决方案。第一种解决方案非常简单，可以快速且低成本地实施，即简单的屏幕读数。但是，这一解决方案的缺点是得到的数据质量不够好，并且只能传输绝大部分数据，而不是全部数据，客户不得不对一些细节进行返工。

第二种解决方案则十分复杂，是由互联网平台的运营商提供官方界面，这样数据就能以文件的形式传输给我们了。由于需要进行多方的协调和讨论，该解决方案实施起来比第一种解决方案困难得多。这种解决方案的优点是数据质量非常好，用户几乎不需要更改或纠正任何内容，因此这对客户来说是更方便的选择。

　　我总结一下：第一种解决方案可以很快实施，第二种则需要花费数倍的时间和精力才能实施。开发部门认为这项任务必须"真正地"完成。因此，客户决定采用第二种解决方案，也就是更完美的那种。界面的开发迅速被提上日程。然而，由于需要耗费的时间和精力巨大，开发进度一再推迟，数据接入功能迟迟无法上线。结果，在耗时将近两年后，数据接入仍然无法实现。我们公司因此无法得到足够多的新客户，而现有的客户又对此感到不满意，纷纷终止了和我们的合作。

　　如果客户选择更简单的方案，那么数据交付质量虽不完美，但公司可以得到更多新客户并满足现有客户。对客户来说，能够传输大部分数据是向前迈出的一大步，并且客户仍然可以在以后的某个时间点选择更方便且近乎完美的第二种解决方案。这样的话，可以更好地安排额外的努力，考虑到预期的附加收益，这种做法也是可以接受的。如果当时人们愿意选择先解决大部分问题、逐步接近完美的解决方案，就会出现双赢的局面。

　　完美并不总等于选择完美的解决方案。很多时候，不太完美的方案反而是更好的选择。

> ## 花点时间思考
>
> 追求完美时的最大挑战是弄清楚过度追求完美与正确、合理地做事之间的界限。这通常是如走钢丝般棘手的事，但它会决定我们是否可以取得成功。
>
> 你知道你的下一个重要事项中，这条界限在哪里吗？

帕累托法则与完美

所谓的帕累托法则即二八规则，简单来说，就是用 20% 的努力获得 80% 的成果，剩下的 20% 的成果需要付出 80% 的努力才能获得。

因此，在付出 20% 的努力后，我们已经完成 80% 的工作。该法则清楚地表明，我们将大部分时间都花在了对细节的雕刻上，其实付出 20% 的努力，工作就几乎要完成了。这就是为什么我会经常问自己：

用 80% 的努力对细节进行雕刻对于提升性能和正确完成任务真的有必要吗？

我们是否总是需要细化、优化、改进——只为了实现 20% 的进一步增长，付出巨大的努力？在这种时刻，容忍不完美的存在是否真的不合适？又或者是不是一种更聪明的选择？但是，停下来想一下：在成果上有 20% 的差距？差得是不是有点多？

完美主义会影响效率，这一点已经显而易见。然而，我也认为，良好的任务完成质量和适当的工作量是幸福的先决条件。因此，我们不应忽视完成细节工作所需的 80% 的努力，它们是工作的重要组成部分。认真执行任务、花费力气高质量地完成工作是十分有必要的。为了增强自信心，我们需要取得一定成绩，付出一定努力，投入一定精力。我们需要感觉到自己完成了一些事情，这有助于我们的自我认可和自我实现。但我们也必须清楚地认识到，注重细节占用了我们大部分时间，这一点非常重要。因此，我们要反思我们对细节的调整是否真的有必要或有助于实现目标。否则，我们可能一直在细节上纠缠不清，获得的收益却不尽如人意。

如果我们在 20% 的细节优化上消耗了 80% 的努力，那么对最后 5% 的优化需要投入多少努力也就可想而知。问题在于，在任务完成率已超过 95% 的情况下，对最后 5% 的优化是否可以忽略，以及实际上还有多少优化潜力。

看到上面这么多数字是不是有点晕了？抱歉，但对我来说重要的是向你再次说明，其实我们大部分时间都花在了完成最后 5% 的任务上，以及如果我们选择表现较好，而不是表现完美，我们又有多少的自由空间。不幸的是，如今似乎缺乏足够的研究可以证明上文的描述和假设之间的联系，如果有，我担心结论可能会吓到我们。

通常，完成 95% 的任务已经非常好了

我 17 岁第一次当木匠学徒，在我的学徒期结束时，我需要

创作一件作品。这意味着我（通常）需要独立地设计、计划、绘制、切割、制作和粉刷一件家具，从产生最初的想法到完成制作，整个过程都由我独立完成。

　　那时我决定制作一件非常现代的家具。我想脱离经典款式和规范，设计一件非常特别的东西，这意味着在配色方面也要不同寻常。我们当时称规范的配色为 P43，即经典的坚果棕色橡木色调，常用于乡村家具，被大多数木匠所使用。但我想要采用更具创新性的配色方案，我设计了一个非常现代的电话柜。在此向年轻人简单说明一下：当时屋子里还有有线电话，所以从墙上到电话之间需要电话线进行连接，还有电话簿等用具，差不多 A4 纸大小，约 4cm 厚。电话簿在查找电话号码时是必不可少的工具，因为那时互联网还不像现在一样。但这些与电话柜有什么关系？答案就是，人们想要并且必须找地方装下电话、电话簿、笔等用具，这正是电话柜的用途。

　　我设计的电话柜是不对称的，有一个三角形的门。这种设计在当时并不常见。此外，我选择的不寻常的配色也是亮点，我没选 P43，而是选择以黑色为底色，门和抽屉则选了红色。这在当时非常引人注目。我承认，我为自己的想法和设计感到非常自豪，而且我在制作过程中成功实现了自己的整体构思。只有一个瑕疵：我的清漆有点涂得太早了，所以胶水没有充分硬化，这导致面板很容易脱落。但这不是什么大问题，我能够把它修复得很好，让人几乎看不出来。当然，我的师父一眼就看出了这个瑕疵，而且他坚信考官也会注意到这一点。因此，我的师父建议我重新制作这件作品。大家可以想象我那一刻的心情，我很伤心。为了完成这件作品，我付出了巨大的努力，现在因为一个小失误就要从头再来。冒着得到差成绩的风险，我决定违背师父的意愿，不重新制作。除了这个小瑕疵，一切都非常好，我就这样向考官提交了作品。正如我所担心的那样，我并没有得到1分[①]，而是得到了 2+ 分。但与此同时，因为作品的非凡设计，我得到了表彰奖，当时我像得了奥斯卡奖一样骄傲。2+ 分对我来说也是一个很棒的成绩。好吧，我本来是可以拿到 1 分的，但我要为之付出多少努力，又能带来多少提升？不管怎样，我真的为自己感到骄傲。尽管有一点小瑕疵，但我设计的不同寻常的电话柜还是在区域储蓄银行展出了几周。除了我的师父和考官，没有人注意到那个瑕疵。而在接下来的时间里，没有人问过我结业作品的成绩。

如果我决定从头开始制作我的结业作品，那么我可能会获得1 分。但问题是，为此需要付出怎样艰苦卓绝的努力？尽管有点瑕疵，但我的作品还是做得很好、很专业的。修复这个小失误需要花费的成本太高了。要知道，我已经在制作这件家具上耗费几周。如果真的花大力气修复它，我会因此收获什么？这只是一个之后没人会感兴趣，也没人会问起的成绩罢了。对我来说重要的是，在每项任务中都清楚地判断出是否真的需要完善最后 5% 的细节，是否心甘情愿为之付出巨大努力；如果不纠结于最后 5% 的细节，敢于直

[①] 德国的评分制度最高分为 1 分，最低为 5 分。——译者注

面不完美，是否会感到不快乐，感到自己一事无成。

这是个有关权衡努力和收益，有关实际附加值的问题，它也与你真正要完成的任务有关。如果是关于一些非常重要的事情，一项让你留名史册的纪录，或者一个只有得到最高分才能获取的重要工作，那么我会对初始状况做出不同判断。完美完成最后的细节有多重要？如果我们没有准备好为之投入必要的时间和精力，会产生什么影响？当然，这是个主观的问题。比如，有些学徒可能会选择重新制作家具并为之投入必要的努力。问题是要分清楚，想有高于平均水平的表现，哪些努力是必要的，又是从何时开始，对完美的追求开始变得神经质。为了区分这一点，按照常理，我们需要分析投入和收益，也就是分析投入产出比。

我们要问自己，为完善最后 5% 所付出的努力是否值得。我们能否从中受益？又或者，直面缺憾，对已完成的 95% 感到满意是更好的选择？

你是阻碍自己获得成功和幸福的人吗

当我告诉一个好朋友我正在写一本新书时，他好奇地问我是关于什么的书。我告诉他我正在写一本关于完美主义的书，内容包括在某些情况下要重新考虑追求完美的执念是否有意义，并适时做出调整。然后他说，像他这样的完美主义者在书里一定不会被描写得特别好，然而事实并非如此。因为对我来说，世界不是非黑即白的，我也并不想丑化完美主义者，把他们放在阴暗的角落，把得了最低分硬说成还不错。相反，我希望完美主义者和非完美主义者都能学会思考。我想鼓励人们调整视角，改变观点。也许完美主义者和非完美主义者可以互相学习。如果我们能够抽出时间观察并重新思考自己的行为，我相信这对于我们实现自己的目标大有裨益，这一点对于完美主义者和非完美主义者都适用。一方面，一些人生活得马虎又潦草，做事往往太快、太混乱，没有章法；另一方面，一些人因为神经质程度的完美主义，改变了自身对世界的认知，他们总是到处寻找改进的机会，拼命完善最后的细枝末节。在我看来，这两种极端的情况都会阻碍人获得成功和幸福。

前面提到的我的那位朋友就是个完美主义者。他有时会追求神经质程度的完美主义，经常纠结于细节，频繁地检查，做事通常要比一般人花更长时间，有时还会一意孤行。只是，我们需要思考：这种行为从根本上说是坏的吗？这种行为在任何情况下都是错误的吗？不，正相反，在某些情况下，我们恰恰需要这种行为。

我不是要过度夸赞完美主义，也不是要将它"妖魔化"。最关键的是，在正确的情况下做出正确的决定。

如果我想快速抢占海外市场，如果我必须快速推出新产品，那么我不会向这位完美主义的朋友寻求帮助。因为等到他开始行动时，市场可能已经被我的竞争者所占领；等到他权衡了所有可能性，排除了所有危险时，机会也早就溜走了。我在很多情况下恰恰与他相反：我经常行动太快、太不准确、太肤浅。在某些情况下，如果我能更深入地了解细节，关注更多细微之处，那将有效弥补我的短板。我是一个积极进取的人，一个实干主义者，一个"短跑运动员"。如果某些事情必须快速、可靠地落实，比如研发新产品，我当然是合适的人选。但是，当涉及确定结构或制订计划时，当涉及精确度和细节时，那么我的那位朋友将是合适的人选，而我完全不合适。我们需要意识到，这两种做事方式和特征都有其存在的合理性。说到底，我们需要彼此。那位朋友需要一个有驱动力、勇往直前、行动迅速的人，而我需要有人在我身后处理细节工作，所以我们能完美地互补。

神经质程度的完美主义者往往不会因结果感到高兴。他们总认为事情可以做得更好，自己的表现还不够好，也很难认可自己的工作。当有一个阶段性的成果时，他们很少会感到积极的情绪，他们只是单纯地不能接受好的结果。这一点既适用于他们自己，也适用于他们对别人的评价。但我朋友不是这样的：他认可自己的表现，为结果感到高兴，并期待获得积极的结果。至少在大多数情况下，他能够意识到，完美是有限度的。

问题的关键在于，健康的、建设性的完美主义从哪里开始，神经质程度的完美主义从哪里开始？哪些行为是在追求更高的质量，哪些行为因纠结细节，造成了破坏性的后果？我重申一次：正常程度的完美主义和神经质程度的完美主义之间的界限是流动的，因此二者间没有明确的界限。你可以试着回答以下问题。

- ·达到目标后，你感到满意吗？
- ·有所成就时，你是否感到自豪？
- ·你是不是总是想包揽所有事情，因为觉得如果别人去做不能让你满意？
- ·你是否经常纠结于细节而忽略了大局？
- ·你能区分需要追求极致完美的情况，和纠结细节反而会影响工作的情况吗？

考虑完这些问题，你有何感想？你的完美主义是更具建设性了，还是更具破坏性了呢？

过度追求完美的原因

只有了解行为背后的原因，才能做出改变，获得成长。当你能判断出自己属于过度追求完美，或者恰恰相反，过度马虎和潦草时，当你已经分析并认识到造成这种行为的原因时，你就可以评估你的行为对生活产生负面影响的程度了。你可以判断这样的行为是否影响了你的发展速度，阻碍了你获得成功和幸福。只有完成这一步，你才能做出改变。

改变完美主义者的行为方式完全是可能的。因为完美主义者的行为方式除了受基因影响，也受环境影响，更受教育方式和同龄人的影响。一方面，父母设定了高标准；另一方面，父母给予的温暖和包容太少，这可能会综合强化一个人追求完美主义的行为。

父母的影响

我们会观察和学习父母与周围人的行为。加拿大心理学家阿尔伯特·班杜拉（Albert Bandura）早在 1965 年就在以儿童为研究对象的研究中发现了这一点。班杜拉发现儿童不仅能通过观察自身行为造成的后果来学习，还能通过对父母进行观察和模仿来学习。因此，我们可以推测，我们在完美主义方面也受到了父母的影响，并且我们经常会倾向于学习父母的偏好。当我观察我成长的环境和我父母成长的环境时，我可以毫不犹豫地证实这一推论。我的朋友和熟人也会经常表现出明显的与他们的父母相似的行为。当然，也有例外，但大多数情况下是这样的。

此外，班杜拉还有一个发现：如果父母对孩子施以过度的身体或情感伤害，那么即使父母不是特别追求完美，也可能导致孩子产生神经质程度的完美主义倾向。在这种情况下，孩子身上出现的过度追求完美的行为特征并不是通过学习得来的，而是为避免负面后果而产生的。为了避免遭受身体或情感上的过度伤害，孩子会尽量避免犯错。在这种情况下，灰暗的童年经历会强化神经质程度的完美主义。

因此，父母的行为是孩子对待完美的方式的重要组成部分。然而，最重要的是，我们可以在生活中纠正和改变父母带来的影响。

"不完美造就完美之美。"

——洛塔尔·许特（Lothar Hüther, 1965）

社会和外部环境的影响

还有一个不可低估的造成人过度追求完美的原因在于社会。人类具有社会性，需要群体和归属感，对友谊、感情、安全和爱的渴望塑造着我们的行为，对被排斥、被拒绝、不被认可的恐惧会促使我们追求完美主义。我们努力把每件事做好、做对，以获得尽可能高的认可。如果没有取得预期的结果，我们很快就会觉得自己是个失败者。我们害怕不被认可，并尽量避免产生这种感觉。"我周围的人对我有什么看法？他们怎么想我？"我们或许经常问自己这个问题，这使人感到焦虑。一方面，在某种程度上过度追求完美无可厚非，因为它有时会激励我们更加努力；另一方面，过度追求完美很少会给人带来更多的快乐。

早在我的青少年时代，我就有这样的体验。当时，我们这些青少年会定期在村里的广场上踢足球。我们每周至少踢一次球，会自己组织比赛。通常，最开始会有两个人，他们一个接一个地为各自的球队挑选队员。我承认我并不属于优秀的，甚至是合格的足球运动员，我的脚法并不好，这就是为什么我（几乎）总等到最后才会被挑选，因为没有人希望我加入他们的球队。我很少能将球传到我设想的位置。可以想象，总是成为最后才被选择的人并不是一件很让人开心的事情，它完全不能提高我的自我价值感。那段时间，几乎所有年轻人都在业余足球俱乐部踢球，所以我迫于同龄人的压力也报了名。在球队中，我是替补球员，教练认为我更适合做替补。有一天，我们的主力守门员缺席了比赛。作为替补球员，我顺利地接替这个位置上场。那天我真的做得很好。我在那场和接下来的另一场比赛中的表现都很有说服力，以至于教练在不久的将来让我作为守门员参加训练。那时我利用一切课余时间进行练习。我的水平稳步提升，甚至威胁到了球队主力守门员的首发位置。我报名参加了区里的选拔比赛，我表现得堪称区里最好的守门员。在某个周末，我被评为那次选拔赛的最佳守门员。但奇怪的是，我对自己的表现并不满意。获得这样的奖项当然很好，但我并没有因此觉得很开心。我仍然认为自己做得不够好，必须变得更好。尽管我取得了一些成就，但对失败的恐惧使我深受折磨。那时的我无法正确看待自己取得的成就。虽然我被视作区里最好的守门员，但我并未因此感到高兴。

对于我的行为，我这样解释：由于我曾经是替补球员，因此我无法想象有一天我会因为自己的表现而被接受甚至被认可。

"我的同伴们不可能真的认为我是一名优秀的守门员，我必须做得更好！"至少作为一名足球运动员，我逐渐形成了一种追求完美的态度，这在一定程度上阻碍了我，因为这意味着我从来没有真正产生自己隶属于球队的感觉，作为一名守门员，我从未感受到真正的幸福。

换句话说，在我的例子中，我所处的社会环境，也就是我踢足球时所处的群体和运动环境，培养了我追求完美主义这一特质，我追求完美是为了获得认可，是为了产生自己是群体的一部分的感觉。对于这一点，我想在后文中向大家呈现更多的例子。

在一些火爆的舞蹈类电视节目或综艺节目的影响下，简单的舞蹈动作通常已不足以征服大家。想获得更多认可，你必须能完成更多高难度和极具观赏性的动作，这样跳舞的乐趣和喜悦反而退居次要地位，表演者的压力也越来越大。在运动中，仅追求乐趣和娱乐价值远远不够，如果你想赢得表扬和认可，就要尽可能做到最好。不是每个人都能在运动中做到最好，那些没有准备好投入努力或无法做到尽善尽美的人，会因此备受煎熬，无法产生幸福感甚至满足感。如果我们只关注外界对我们的看法，并囿于不断思考自己能否被认可及如何获得认可，不关注是什么给自己带来了快乐，实际上是在阻碍自己获得幸福。至于那之后会发生什么，我在自己的家庭生活中体验过。

我儿子 17 岁时决定上舞蹈学校，他想学所有类型的古典舞。他很快找到了一个好舞伴，二人练习得非常好，以至于舞蹈学校想让他们报名参加小型比赛。为此，他们必须一遍又一遍地练习相同的技术和姿势。

然而，我儿子和他的舞伴想要进一步学习新的技术和舞蹈，而不是完善他们已经掌握的。当然，重复练习是成功参加比赛的先决条件。但是，对于我儿子和他的舞伴来说，重要的不是完美地掌握几支舞蹈，而是尽可能多地学习各种舞蹈。此外，舞蹈学校想要提升自己的形象，维护自己的声誉，在比赛中取得好的名次，大放异彩。随着时间的推移，我儿子和他的舞伴对舞蹈渐渐失去了兴趣，然后不再跳舞。这令人感到遗憾，因为他们跳得非常好，本应在快乐和喜悦中取得很多成就。舞蹈学校施加的让他们追求完美的压力，就这样导致一对才华横溢的舞蹈搭档放弃了跳舞。

很明显，这种追求完美的压力在职场中也很常见。

在软件行业担任销售经理期间，有段时间我曾负责开发团队的管理工作。但是，当我接手开发部门时，我发现没有测试部门（在这样的公司中本应该有这样一个部门）。这就导致开发过程中发生的每一个错误都会直接对客户产生影响，阻碍我们进一步得到投资。这给开发人员带来了很大的压力，实践中一旦出错，他们立刻就会受到来自各方的批评。为了避免出错，他们在开发项目时会非常谨慎，并且会花很长时间。他们不想被批评，但这意味着创新也越来越少。每个开发人员都尽量不提出建议和修改，因为那样可能会提高错误率。为了从对错误零容忍的环境中获得认可，开发团队的压力越来越大，他们必须保证每次任务都做到完美。渐渐地，团队的创造力被扼杀了，因为开发人员根本不敢再犯错。这是一个没有创造力的开发团队，多么令人唏嘘……

我听到了批评者的声音：这是一件好事，避免犯错是正确的。从某些方面来说，这种说法的确是对的。然而，在软件开发领域，执行力和创新速度也很重要。直到公司成立了测试部门，我们才将创新、准确性和落实速度等方面结合起来。开发人员的压力明显减轻了，他们又变得敢于创新了。

花点时间思考

家庭和社会会直接影响你对完美的态度。然而，你在生活中受到的影响通常是可以改变的，虽然这并不容易，但确实是可以做到的。请考虑以下问题。

· 你对完美的理解是怎样的？

· 你何时会因追求完美而受苦？

· 在哪些情况下，你会从追求完美中受益？

· 哪些家庭和社会的因素可能影响"你的"完美主义？尽可能具体地描述这些因素对你的影响。

· 你可以利用哪些可能性摆脱这些影响？

欣赏自己

也许你知道一些在你所处的社会环境中表明过度追求完美只会适得其反的例子。我也有类似的经历，在此，我还是要谈谈我的"足球生涯"：我痴迷于训练，想要归属感，不想再是最后一个被选中的人，想感觉自己是个重要的角色。但是，在足球方面，我倾向于追求神经质程度的完美主义，这让我无法感到快乐。不管我获得了怎样的成就，总有一种感觉让我不知所措：我还能完成更多，这还不够！我以为只有我不断进步，别人才会欣赏我。

当时的我并不知道，即使是世界一流水平的守门表现也不会改变我的处境。因为我的问题基于这样一个事实：我无法接受自己。我必须接受自己，看到自己所有的优点，也看到自己所有的缺点。幸运的是，我至少意识到，尽管是因为偶然而意识到，我在足球方面的优势在于守门而不在于运球或进攻，这是向前迈出的一大步。但是，真正学会尊重自己还需要很多年。我首先要明白，首要的事不是得到别人的认可，而是爱自己、肯定自己、欣赏自己。

第 1 章的思想火花

· 追求完美用在正确的地方可以带来卓越表现。

· 追求完美用在错误的地方会阻碍人获得成功和幸福。

· 追求完美既是优点，也是缺点。

· 即使从你的角度来看成就还不够完美，也要学会认可它，并享受你所取得的成就。

· 人并不总是需要 100% 的完美。有时 95% 的完美比 100% 的完美更好。

勇于直面缺憾，在个人生活中和面对自我时更满意

管理学大师彼得·F. 德鲁克（Peter F. Drucker）曾指出，最终人们只可以且只应该领导一个人，那就是他们自己。这一点同样适用于完美主义这一话题。首先，你要认清自己对完美主义的态度，观察你个人与完美主义的交织，然后再考虑如何处理各个领域中与之相关的现象。

从认同感和被爱感讲起

完美主义者总有一种印象，认为只有不犯错才会被接受和认可。他们自认为需要完美地执行所有事情，在任何事情上都要做到无懈可击。他们从未想过自己并不需要追求完美，也从未想过可能是和想象中完全不同的因素使别人对他们产生了好感；或者他们能够理性地看待这一点，但感觉不到这种好感。只有在认为自己完美地完成了一件事时，他们才会觉得自己值得被爱。

然而，我们真的只喜欢完美的人吗？从我个人的经验来看，结论全然是否定的：我们更倾向于喜欢有小怪癖和小缺陷的人。友善、有爱心、有礼貌的人比完美主义者更容易得到喜爱。想要把每件事都做对的人通常得不到他人的认可与喜欢，其行为导致的结果也通常会与完美主义者真正想要达成的结果背道而驰。与追求完美相比，直面缺憾更有可能在个人生活中带来更多的幸福感和满足感。

世界通常属于不完美者

也许你听说过彼得罗·隆巴尔迪（Pietro Lombardi），这位来 RTL 节目《德国正在寻找超级巨星》（Deutschland sucht den Superstar，DSDS）"砸场"的歌手。他总是看起来有点笨拙，声音很好听，但表现永远不是完美的。他用自己笨拙的举止一路闯进决赛。在那里，他遇上了完美的萨拉·恩格斯（Sarah Engels）。最终，他获得了胜利并成为"超级巨星"。萨拉在视觉上绝对更完美，唱歌时也不会犯错，她在采访中的表现更是无可挑剔——但彼得罗赢了。后来他们结婚了，所以可以说他们取得了双赢——虽然他们现在已经离婚。在我撰写本书时，彼得罗已经第二次担任 DSDS 评审团的成员。人们从过去到现在都很喜欢他，这可能也是因为他总给人一种真诚和容易亲近的感觉。他所犯的大大小小的错误造就了他。像彼得罗·隆巴尔迪这样的人不需要靠十全十美来从人群中脱颖而出，让大众看见。相反，完美主义可能只会伤害他们。至少在这一点上，下面这句话是适用的：不完美的人会被不喜欢完美并拒绝追求完美的人喜欢，因为他们恰恰喜欢这些美中不足的小瑕疵。

有时，不完美是更好的完美

没有人能真正使完美主义者满意。完美主义者想自己包揽所有事情。如果没有其他办法，必须分派一些事情给其他人做，那么他们会尽可能地干涉做事的人。对他们来说，没有人做得足够好，包括他自己。这是出现神经质程度的完美主义的根源之一，正如他们不信任自己能做好任何事，他们也很难信任别人。他们是"详细解释如何才能做得更好"这一理论的忠实信徒。他们会对他人下达指令，从而阻碍他人的发展，阻碍他人发挥创造力，并剥夺了他们自己开辟新道路的可能性。

"你有没有注意到什么样的人最看重恪尽职守？是那些觉察到许多悲惨存在，对自己和他人心怀畏惧的人。"

弗里德里希·威廉·尼采（Friedrich Wilhelm Nietzsche, 1844—1900）

因为完美主义者的不断干预，冲突在所难免，这不难理解。这些干预会造成不满和沮丧，也大大降低了他人的生产力。完美主义者不会助力他人的成功，相反，他们会阻碍他人开展任务。

干预——冲突的导火索

我认为自己是一位经验丰富的司机（和很多人一样，我也认为自己是个好司机），毕竟我迄今为止已经在路上行驶超过 300 万公里。有一次，我因为违章驾驶被吊销了驾驶证。然后，我的妻子高兴地（她是否真的高兴，这点是存疑的）接替了司机这一身份。现在我不得不承认，虽然我认为自己是个好司机，但我可能不那么适合坐在副驾驶的座位，因为我常常忍不住发表自己的意见。"再往右边点儿；不要离前车那么近；小心，前面的人很快就会刹车……"当我意识到干扰会造成冲突、激发矛盾时，可以说为时已晚。

一段时间后，我的妻子不再像她在刚开始接替我成为司机时那样灿烂地对我笑。相反，她的神经越来越紧绷，这是可以理解的。但是，因为我已经开了这么多里程，拥有丰富的驾驶经验，所以我认为自己在这方面非常接近完美，而我的妻子觉得我的这种干预一点也不令人愉悦，并且她处于罢工边缘。

幸运的是，出于职业习惯，我可以从专业角度仔细观察我身边的人，这使我能快速识别他人的不满及产生不满的原因。坐在副驾驶上，我慢慢意识到了妻子的情绪——即使我醒悟得有些晚了。之后，我尝试改变我的行为并练习冷静对待一切。"闭上嘴巴，交给妻子来处理"成了我新的座右铭。我承认，这样做一开始有些折磨人，但它确实有效缓解了紧张的气氛。

几乎是忽然之间，我的妻子又开始笑了，这也让我感到开心，我跟着她一起咧嘴笑。没过多久，我就习惯了妻子的驾驶风格，仅在她向我寻求帮助时才提供建议。

只有意识到自己因追求完美而干预他人的行为会不可避免地导致冲突，才能确保你能改变和调整自己的行为。

不干预通常是更好的解决方案

和老司机坐副驾驶这个例子相似，我们在对待孩子时，通常也是如此。有时我们不断干预孩子的行为并企图进行评价，让他们变得更好。由于生活经验更丰富，我们总感觉自己更了解一切，并且总想向外界证明这一点。我们相信自己在做事方面是完美的，因为我们确切地知道什么是对、什么是错。但事实果真如此吗？

抚养和教育孩子是父母的责任。但与此同时，这也意味着父母要放手让孩子去尝试，让孩子体验他们自己的人生。很多时候，这也意味着要让孩子经受挫折。只有被允许犯错并从中吸取教训，孩子才能成长。是的，在这个过程中，有时孩子会感到痛苦。就像著名的炉灶面板的例子一样，不管妈妈怎么强调："孩子，不要碰这个炉灶面板。"孩子都想触碰那个面板，因为孩子想要自己去体验。然后，有过一次被烫伤的经历，孩子就知道疼了。一个孩子只有在能自己感觉到自己走错了路时，才能发展出他自己的优势。每当父母过多地干预某事，就会导致冲突，并且造成的结果经常与父母最初想达到的结果背道而驰。纵观历史，我们会发现许多能证明干预造成致命后果的骇人听闻的例子。

在此，我想举一个我家里发生的例子。这件事情虽然很小，但用在此处非常贴切。

在我女儿年纪还小的时候，有一个星期一，她从学校哭着回家，因为她和她最好的朋友吵架了。我妻子询问她发生了什么，方才得知她最好的朋友并没有邀请我女儿参加她的生日会，尽管我女儿之前过生日时邀请过她的这位朋友。当然，这样的事情让人完全不能接受，可能会摧毁她们之间的友谊。因此，出于好意，我妻子给我女儿的朋友的母亲打了电话。我妻子和对方认识很长时间了，而且相当熟悉。我妻子打电话的目的是迅速解决这个问题。对方显然正在忙于筹划生日会，因此非常简短地回答说她的女儿必须自己决定邀请谁，如果她决定不请谁，那么肯定有她的原因。从这一刻开始，一场友谊之争全面开始了。我的妻子无法忍受对方的这种态度，结果双方陷入了长期的冷战。几周以来，两位母亲谁都没有联系对方。如果她们碰巧遇到彼此，还会刻意互相避开。她们这段时间的心情都不好，感觉也很糟糕。而孩子们的情况呢？两天后，两个孩子就又在一起玩了。你看，如果我的妻子没有插手这件事，就不会产生这么严重的后果。孩子们能自己解决这些事情，而且通常可以非常迅速地解决。孩子们不像成年人那样，遇事容易耿耿于怀、顽固执拗。因此，我再次强调：干预会造成冲突。

当然，在某些情况下，帮助和推动孩子寻找解决方案是有意义的。但往往还有更好的办法，那就是帮助孩子靠他自己的力量找到解决方案。

与自己更好地相处，意味着不要总在你身边的人身上寻求完美，不要因为觉得自己知道的更多、更好而不停插手。如果别人向你寻求帮助，就向他提供建议，如果你认为你能提供帮助，就提供帮助，但不要干预他人的事。我知道这是一个挑战，尤其是当你认为，比起你的同伴正在采取的处理方式，你的处理方式更好时。然而，你要明白，那不是你的事，也不是你的必经之路。要给别人发展的机会，让他们犯错，让他们自己去经历。正如我所说，提供帮助和建议是很好的，然而，干预他人会诱发冲突。你认为完美和正确的东西，对其他人来说可能并不合适，甚至可能是错误的。

正确的事物衡量标准

我们常常对自己和身边的人期望过高，并因此给生活平添很多麻烦。在此，"平静"再次成为关键词。不要对他人抱太高期望，让他们保持自己原来的样子；你不一定要喜欢他人为人处世的方式，不要过多地干预他人的生活；在与他人打交道时，多一点平静可以避免冲突，给自己的生活带来更多幸福。

通过减少对他人的干预，容忍他人与自己的不同，不为他人的不完美感到担心，你会自然地改善你自己的生活，会感到更平静、满足。由于认知发生改变，环境压力也将大大缓解。同时，你可以减少与他人的冲突，使生活更和谐。你会看起来更平易近人，他人也会以与之前不同的方式看待你，更多地接受你。仅通过改变自己，你同时改变了你所处的环境。人们会以不同的方式对待你，以不同的方式和你交流，以不同的方式与你相处。

"对环境的感知"中的"环境"不仅指你周围的人，还包括你周围的一切：你所处的社会、经济、政治环境等。你可能会整天因为"环境"中的不完美部分，比如破烂的街道、唠叨的司机、离马路太近的树木、形状不规则的房屋、杂乱的花坛、延误的航班、横冲直撞的骑自行车的人等而烦恼。如果你只让自己看到这些，那么你将整天面对不完美的事物、人和情况。但是，情况完全取决于你自己的感觉。如果只有这些东西引起了你的注意，那么你其实阻止了你自己体验快乐的时刻。不仅如此，你的抱怨还会影响你身边的亲友的幸福。你应该忘记那些你无法改变的事情，接受它们，不要把它们看得太重要，同时专注于美好的事物。要时刻牢记一点：完美的事物几乎不存在。

这并不意味着你不应该努力争取更多，或者不应该尽自己的力量让世界变得更美好一点。但是，要始终注意保持正确的事物衡量标准。

花点时间思考

· 你在生活中，是否经常因为无法改变的事情而感到不安？

· 你想在哪些领域实现或体验完美主义，却对此无能为力，并且实际上这件事完全不可能完成？

· 在特定情况下，你是否想要改变身边的人，即使他们不想要这样的改变甚至反感你这样做？

将改变的重点放在可以改变的事物上，或者只在别人想要你的帮助时给出意见。

自我优化的妄想

有些人认为，想要有最佳表现，天赋是必不可少的；还有些人认为，想要变得更好，最重要的是多练习。你认为哪种说法是正确的？这与自我优化又有什么关系？不管哪种说法是正确的，人类天生就会努力让自己表现得完美，会尽最大努力做到最好。可能每个人努力的程度不同，有的多一些，有的少一些，这取决于每个人的个性，也取决于每个人的经历和环境。如果受到周围环境的推动，我们很可能会加倍努力，这不是坏事，它可以确保我们不断成长并得到发展。如果缺少这种推动，我们的发展也会受影响。现在，让我们来看看对一个人的成功而言什么才是更重要的，到底是练习还是天赋。

　　"如果这个世界上的一切都是卓越的，那就没有什么是真正优秀的了。"

德尼·狄德罗（Denis Diderot, 1713—1784）

练习还是天赋

　　来自佛罗里达大学的心理学家 K. 安德斯·埃里克松（K. Anders Ericsson）教授也关心这个问题，早在 1991 年，他就试图对这一领域进行深入了解，并做了相关研究。为了自己的研究，他来到柏林艺术大学工作。30 名小提琴专业的学生被选中参与研究。学生们接受了全面的采访。埃里克松分析了他们的生活方式、日常生活节奏、所受教育等因素。他认为，被测试人员之间的表现差异最终只能追溯到一件事，即练习小时数的平均值。水平最高的学生平均练习了 7500 小时，水平中等的学生为 5300 小时，而水平最差的只有 3400 小时。埃里克松由此得出的结论是，天赋对成功几乎没有影响。后来，他以在其他领域表现出色的人为研究对象，重复了这项实验。正如科学实验经常出现的情况一样，应用于更广的范围，埃里克松得到了不同的实验数值。埃里克松将结果总结如下：

> "天赋被严重高估！我甚至怀疑是否真的有天赋这种东西，例如所谓的音乐天赋。年龄和智商对于发展也只起次要作用，即使孩子们确实通常更容易学习新事物。但这是由于大脑具有可塑性，而它终生都具有发展新神经束的能力。"

经济学家杰夫·科尔文（Geoff Colvin）随后也与埃里克松得出了相同的结论，称仅凭天赋人就能有出色表现这一观点是个谬误，这种认识也激励他走上了追寻"真正让人成功的因素"的道路。但并非所有科学家都认同天赋决定论是"错误的"观点。对此，我也有不同的表述方式。就我个人而言，根据我的经验（以及对各种性格诊断和天赋管理工具的了解），我相信人们有不同的长处和短处，因此某些事情对他们来说更容易或更困难。有些人因为他们所具有的天赋，能比其他人更快地理解和掌握某些东西。所以我认为，天赋是存在的，但它似乎远没有我们通常想象得那么重要。

> 我们经常把天赋、努力和练习混为一谈。

在阅读一些名人的传记时，我再次意识到了这一点：看那些人物时，我们通常只能看到结果，即他们拥有的成功与财富。我们很少注意到那些达到职业顶峰的人所付出的无条件的、巨大的努力。这对我来说，意味着在很多情况下，天赋往往被严重高估。

为了写这本书，我阅读了许多成功的运动员的传记。我发现没有一个人说其成功是非凡的天赋带来的。他们一致表示，训练量和训练强度对他们取得职业成功具有决定性意义。然而，他们所有人都表示，他们的执念，有时甚至可以被称为妄念，即想要完美并且必须完美的想法，经常给他们带来巨大的身心伤害。他们总想提高自己、得到更多成就，这使他们达到了自身的极限，并且在大多数情况下使他们成了不快乐的人。直到他们告别赛场，不再以达到一流的成绩作为目标，他们才能再次产生幸福感。

用练习弥补天赋上的不足

人类为了发展和进步而生，只不过有的个体进步和发展得多一点，有的少一点。我们在潜意识里非常清楚，只有通过练习与实践才能不断前进和发展。在这一点上，内驱力的强弱也取决于自身的个性。比如，有些人更想保护自己，他们不想通过不断训练"折磨"自己。这就是为什么他们用天赋决定论解释每个人的表现，因为这让他们更容易接受"也许有人比他们做得更好"这件事。如果这样解释，他们就不需要责备自己不够努力，可以说"我只是没有这方面的天赋而已，这我无能为力"。

在神经质程度的完美主义者身上，也经常可以找到这种逻辑推理方式。他们常常喜欢寻找其他人在某个领域比他们更好或更完美的原因。他们的神经质程度的完美主义使他们很难承认其他人取得的更好的成就。他们需要一个理由来保证自我价值感的稳定。

花点时间思考

· 你是否属于那种难以认可他人（看似完美的）成就的人？
如果是这样的，你应该意识到，往往只有全情投入、意
志力和刻苦练习才能让人取得成功。

· 即使你在某方面的天赋很少或趋近于零，但如果勤加练
习，你也可以在这方面有所成就。这一点也许并非在每
个领域都可行。不过尽管如此，还是尝试一下吧！

完美主义与不快乐

如果我们在处理某事时过度追求完美，一方面可能会收获成
功，另一方面也会导致不快乐。歌手瓦妮莎·梅（Vanessa Mai）在
接受采访时说道：

> "自从我不再过度批评自我后，我更快乐也更满足了。过度
> 自责和过度追求完美会在某个时刻使你崩溃。我相信，如果你全
> 心投入并享受做某件事，不断追求自己的目标，接受各种各样有
> 可能发生的事情……就能以某种平静的态度接近成功……"

要平静地追求你的目标，不要进行太多的自我批评，也不要过
度追求完美。

平庸并不总是一种罪过

我们所处的整体环境仿佛在暗示我们，应在所有领域不断完善自己，不断追求"更高、更快、更好"。很少有人走过来对我们说："平庸对我来说已经足够。即使是不完美的事物，也绝对值得为之奋斗。"我们从小受到的教育是，要尽可能做好一切。在任何可能的情况下，我们都要勇争第一。正如我所说的，这从根本上来看没有什么问题。勇争第一、不断提升自己是有好处的，但是这样做带来的影响往往不止于此。在勇争第一的过程中，压力会变得越来越大，有时会变得让人难以承受，随之而来的是疾病及身心俱疲。仔细想想你想过什么样的生活，做到什么程度对你来说算是达到了完美的极限，你的人生价值观是什么，什么真正让你感到快乐，你追求完美的动力是如何阻碍你在生活中享受快乐的。

> "完美无法触及，十全十美是一种感觉。"
>
> 马丁娜·马茨卡尔（Martina Matzka，1980）

追求更美：到底由谁决定美

美就是一个典型的例子。什么是美的，什么是不美的？什么时候美是完美的？谁来决定？不同人之间产生的意见分歧很少会像针对品位问题产生的这样大。想象一下，如果我们有同样的审美，这个世界会变得多么无聊。事物的美丑是需要对比的。没有光就没有影，同理，没有影也没有光。大自然非常巧妙地安排了人们有如此不同的审美品位。有些人觉得丰满的身材很迷人，有些人则喜欢纤瘦的身材。你喜欢浅色头发还是深色头发？喜欢肤色比较深还是比较浅？喜欢高挑型还是小巧型？你个人更喜欢什么特征？以上仅是举几个例子，你觉得美的，别人不一定觉得美。

有一天，我的妻子从理发店回家，当她踏入房门时，她对我粲然一笑。她对自己的新发型颇为满意。理发师显然对此花了不少心思：新的发色，新的剪法，发型看起来是精心设计的并且吹干定型了。好吧，但怎么说呢，我不得不非常努力地克制自己不对她的发型做出评价，以免发生争执。如果我在要回应她的笑容的那一刻表达了我的真实想法，我可能会被要求睡在露台上。正如你已经猜到的，我根本不喜欢这个发型。我发现要向处于开心状态的人泼冷水是一件特别困难的事情。我努力体面而不失礼貌地说："很好，有时就是要尝试不同风格的发型。"这是我当时能说出口的最动听的话。我们都知道，审美品位是无法解释的。我的妻子认为她的发型很完美。我从账单上可以看出，理发师也是这样认为的。就我个人而言，我认为不发表自己的真实意见更妥当。在生活中，有些时候你应该允许你的同伴相信完美的存在，这种行为可以为你避免很多麻烦。

外在的完美和美一样，存在于观者的眼中

恰恰是这些不同的认知和看法，让完美主义者的生活变得更困难。为了达到自己追求的完美，应遵循哪种认知？完美主义者很可能会按照自己的认知做事。他们会努力按照自己的想法完善自己。事实上，这样做主要是为了获得尽可能高的认可度。

但在这种情况下，这难道不是错误的做法吗？按照自己的想法完善自己，以此更受他人的认可，这难道不自相矛盾吗？一个人难道不应该努力依照环境的要求把自己塑造成完美的吗？理发师认为他的技艺已接近完美，或已经达到完美，但我却有不同的观点，那么谁才是正确的？

外在的完美取决于时尚潮流还是第三方的判断

如果我说，这其实并不重要，你会不会感到惊讶？我不认为依赖他人的判断是正确的，我和理发师的想法并不重要。通往最高的自尊、自爱的道路的关键，在于且只在于接受和爱你自己，包括你所有的缺点和怪癖。更有意义的是，把重点放在自我接受上，问你自己是否觉得自己很美，甚至是完美。周围其他人所描述的美或完美都是无关紧要的。或者说，至少我们自己应该对此感到无关紧要。

爱自己的权利

有一天，我参加了一个研讨会，这次我以参与者的身份参加，而不是以演讲者的身份，这是不常有的事。休息时，我和一群人站在一起聊了起来。我们谈到了通过改变自己影响环境的可能性。在这个过程中，我们还谈到了对自己外表的满意度。一位女士说："谁能做到真正对自己满意、真正爱自己的外表呢？"

对此，我回答说："我！"她说没有这样的事，每个人对自己的外表都有不满意的地方。我反驳她说，我并非如此。至少，我不会不接受自己的外表。是的，我有时的确会想，减重两三千克会让我看起来更好。我想要确保自己的身体处于平衡状态。也就是说，我的体重不会达到威胁健康的程度。我每天也会花些时间整理自己的外表，凡是我能够优化的，我都努力优化它。简而言之，我已经在努力不断美化自己的外表。但这并不意味着我对自己感到不满意，不能接受自己和爱自己。这与完美无关，而与推动自己成长、每天都变得更好的健康的冲动有关。在我看来，那位女士对其外表的不满是人的基本特质。

现在的我完全接受自己的样子，也爱自己的样子，但我并非一直如此。在我年轻的时候，情况与现在有很大不同，那时的我必须先学会喜欢和接受自己——我经历了一个漫长的过程。年轻时的我总认为自己一事无成，没有人爱我。我还发现我对自己的外表有无数不满意的地方。当我有女朋友的时候，我的嫉妒心很强。因为我对自己缺乏认可，总觉得会有其他人来"抢"走我的伴侣。简而言之，我非常缺乏自信心，很难相信有人会因为我这个人本身而喜欢我，这导致我不断试图夸大自己。我穿着非常华丽、夸张的衣服，试图以此从人群中脱颖而出。我想让自己变得更引人注目。我从很早开始就穿西装、打领带，这样做的本意是让自己看起来更有能力。那时的我喜欢任何能帮助自己变得更显眼的东西。然而，我没能如愿获得更多的接受和认可，并因此变得更快乐。相反，我总是显得虚伪、冷漠又难以亲近。

多年以后，随着有了越来越多的取得成功和实现目标的经历，我才开始找到自己并逐渐接受自己。我对自己的看法正常多了，但一切不是在一夜之间发生的，而是经过多年，随着经验的累积慢慢发生的。从那时起，我知道了：

说爱自己与傲慢或自恋无关，而与站在自己这边、支持自己有关，我们每个人都有这样做的权利。我们有权利和义务去喜欢自己。生命本身就是一份礼物，没有人可以夺走我们的独特性。

你坐飞机时是否注意到关于氧气面罩的使用说明？首先你必须自己戴上面罩，然后再帮助儿童和其他人。在生活中也是如此。如果你不首先考虑自己，你其实缺乏帮助别人的力量；如果你不去爱、去接受自己，你其实很难接受别人。当然，这并不意味着不爱自己你就不能爱别人，但不爱自己，你会更难爱上别人。如果你对自己没有一个好的印象，你会发现你很难相信别人会对你有一个好印象。伪装自己只在短期内发挥作用，而且作用不大。我年轻时所做的伪装，以及我为了让自己表现得完美而付出的努力，只能在短期内使我自我感觉良好，而且只是看起来增强了我的自信心。然而，如果你伪装，人们就会注意到你在伪装自己，你并不相信自己。因为你不"真实"。而这就是为什么你不能通过伪装换来你希望获得的认可。你希望通过伪装自己，掩饰自己的个性，显得更加完美，但结果通常恰恰相反。我想再重复一次，我所说的自我接受和自爱并不是指自私、以自我为中心和自负，而是指一种敢于面对真实的自己的健康的态度，也就是接受自己的全部。这不只意味着接受自己的外表，还意味着接受自己的一切，接受自己本来的样子，仔细优化可以改变的东西。

我确信，一个人的外表想要变得完美是不可能的。然而，遗憾的是，越来越多的人认为，想达到完美，拥有完美的外表是他们必须通过努力奋斗实现的目标。在媒体和各类公众人物的示范和推动下，一些人相信医美是让他们变得更美丽并且永葆青春的"正途"。他们现在与之前判若两人，因手术而发生了显著变化。但不幸的是，他们并没有真正接近他们所追求的完美。毕竟外表的完美关乎什么呢？你可能已经猜到了：审美品位。

对自己的态度起决定作用

大多数自我优化行为带来的坏处是：在追求变得更漂亮、更有型、更年轻、更性感的道路上，人通常无法得到预期的变化；希望被更多人接受甚至被自己接受的想法，通常无法得到满足。所以一些人会去做下一个手术，希望情况能有所好转，但情况通常并不会好转。

自我接受不基于外表实现，而基于对自己的态度实现。

接受自己的小缺陷和爱自己从来都与外表无关。当然，我不像乔治·克鲁尼那么帅。我的头发不够多，而且如果减掉几千克的体重，我会更有型。但那又怎样？我正在尽我所能优化自己的外表，我也想在外表上变得更好，但这是因为我想要全方位提升自己，而不是因为我不喜欢自己现在的样子。如果你没有这种态度，那么任何方法都不会真正帮到你。

随着你慢慢老去，你会长出第一条皱纹。这是所有人都必经的自然过程。生活会改变我们，我们会变老、变矮，有更多皱纹，头发更稀疏。但那又怎样？力量来自内心。你是否被接受，是否被喜欢和被爱，并不取决于你的外表，而取决于你这个人。如果你期待自己的外表是完美的，那么你就是在一个根本不存在完美的方面期待完美。

完美的地图，不完美的风景

接受自己并不是让自己碌碌无为、不努力发展，把你最好的一面发掘出来是一种健康的愿望，这与完美主义无关。只有当你认为获得认可的唯一途径是以过度的方式改变自己的一切时，你才显现出完美主义的征兆。如果我们能喜欢和欣赏别人的缺陷，这是再好不过的。当某人有小缺陷时，我们可能会更喜欢他，因为这使他看起来更平易近人。此外，如果看到其他人也不完美，我们的自我价值感会得到提升。而如果一个人看起来太完美，那他在别人眼里就会显得难以接近，因为他看起来相当冷漠。太过完美的人会显得不自然，又令人生厌。看一看你身边的人，一些人试图通过手术让自己的外表变得完美，但在这个过程中却毁掉了自己的美丽。他们看起来很不自然、很怪异，也不再讨人喜欢。

更令人遗憾的是，有些人看到杂志或社交媒体上的完美照片，就相信这种完美的外表与现实是相符的。

完美的是照片，而不是照片中的人。这就好像完美的是地图，而不是现实中的景观。

这里追求的仅是完美的形象。如果在你身上付出同样的努力，你也能收获同样的完美形象。你追求照片中呈现的完美形象，但那不再是你，不再是你本人，不再是原来的你。

不要因媒体影响轻易感到不安，并因此做出不必要的改变。如果你真的想要采取一些行动，请仔细想一想为什么要这么做。你为什么认为自己必须改变一些东西，这样做的好处是什么，附加价值又是什么。这种改变是否会使你前进，是否会对你产生积极的影响，是否会使你变得更讨人喜欢？

即使不完美，也能成就非凡

此处列举流行歌手安娜·玛丽亚·齐默尔曼（Anna Maria Zimmermann）的例子，她也出道于节目 DSDS。2010 年，她在去演出的途中遭遇严重的直升机坠毁事故，虽然得以幸存，但多处骨折，并且受了严重的内伤。她的左臂因事故一直处于瘫痪状态，一道伤疤几乎贯穿了她的整个大臂。尽管如此，她还是会经常出现在人们的视线中，在舞台上表演，到处拍摄照片。她不隐藏她的伤疤，在拍照时也禁止人们修饰她的伤疤，她想让人们看到它的原貌。她认为，每个人都有自己不喜欢的东西，都不能做到对自己100% 满意，但是她选择悦纳自己，接受自己的样子。她认为那些伤疤属于她，是她生活的一部分。这是一种非常好的态度。我们应该以这样的心态为榜样。对我来说，完美的是这种态度本身，而不是执着于如何通过手术和其他干预措施美化自己。

外表的完美并不是成功的先决条件，有时恰恰是不完美的东西，促成了一个人的非凡成就。

花点时间思考

你对自己的看法是至关重要的。

· 你能接受自己的现状吗？

· 你是否能肯定自己，无论是自己的外表还是自己的个性？

· 你内心对自己的态度是怎样的？

发挥你的长处的潜力

完美主义者有不断消除自身短处的执念，这本身无可厚非。他们通过不断优化和提升自己而取得更优秀的业绩，最终会变得更有效率。只有在他们更关注自己的短处而不是长处时，这种做法才有害。

> 你的发展资本和潜力主要在于发展你的长处，而不是完美地掩饰或隐瞒你所谓的短处。

当然，也有例外的情况。假设你像我一样吹萨克斯，你想在舞台上演奏一首作品，你不想单独演奏，而是想组建一个三人乐队进行合奏。你吹得很好，曲调控制得当，节奏也很合适，一切似乎都很正确。你擅长即席演奏，能够演奏出非常酷的独奏，但是你不擅长在两个衔接的地方进入旋律，你每次都会错过正确的时机，这是你的短处之一。在这种情况下，当然有必要针对这一短处进行练习，至少要改善它，以便创造良好的合奏。

因此，在某些情况下，重要和正确的做法是消除错误的来源。然而，通常来说，你应该更专注于自己的长处。原因是，大多数人发现利用自己的长处工作更令人愉快，也更让人可以以一种积极的心态应对变化。毕竟，做擅长的事比做不擅长的事更让人觉得有趣。

每个人都有长处和短处，这很好，否则我们会变得千篇一律。接受自己的短处是很重要的。承认你的短处，除非它们妨碍你以必要且高效的方式完成任务，否则不要试图消除它们。针对短处进行练习必须是有目的和有建设性的，不能以紧张而急迫的方式进行练习，也不能以暴力的方式进行练习。

我的字写得很糟糕（很多人都这么说），而且毫不夸张地说，我的字迹几乎无法辨认。我会犯很多拼写错误，因为我有阅读障碍。在研讨会上发表演讲时，我喜欢使用活动挂图，这让我可以与观众一起交流一些东西，当然，这也导致我不可避免地要写一些东西，有时还是即兴地写。我曾经尽量避免在活动挂图上写字，或者只使用我认识的和我确切知道如何拼写的术语。如果我犯了拼写错误，观众当然会直接指出。现在，我对这件事的态度更加从容坦诚，我会在演讲一开始就向观众解释为什么我会犯拼写错误，并请大家理解我的字迹问题。我总会认真地口头重复我要写的内容，这样每个人都可以自己做笔记，几乎没有人不接受我的做法。相反，我通常会立即获得他人的理解和支持。如果观众发现我完全不知道该如何拼写某个单词，他们会主动帮助我。从那时起，我更能专注于自己的优势，即专注于内容和呈现，并且在这些方面达到了近乎"完美"的程度。

在这里，我特意使用"完美"这个词来表明我无法通过辛苦补足弱点提升自己，但能通过有意识地展现自己的弱点，并尽可能专注于自己的优势实现进步。通常来说，阅读障碍是让人痛苦的事，但我的这个关于阅读障碍的故事再次表明：人们喜欢有些小缺陷的人。这会让我们变得讨人喜欢，这也表明，我们并不是唯一有小的甚至大的缺陷的人。每个人都有大大小小的缺陷。

完美的父母真的存在吗

我们想把每件事都做对，甚至想比父母做得更好。想要给自己的孩子铺设一条通往未来的最简单的道路，为他们提供尽可能多的帮助，让他们过上成功和幸福的生活。我们想教育孩子要有责任心、有礼貌、乐于助人、体贴，最好还要有抱负，我们想成为完美的父母——这听起来很不错，不是吗？至少当我的第一个孩子出生时，我的想法是这样的。

我的目标是尽可能完美地准备好一切。当然，随之而来的是一系列问题，比如完美在这句话中具体意味着什么：意味着成为完美的父母还是完美地尽到父母的责任？是否意味着给孩子尽可能多的自由？还是意味着要以严谨的态度和严明的纪律来处理教育问题？在此，我仅举两个极端的例子，我们需要去思考哪种育儿方法更好，能带来完美的结果。

2001 年 12 月 29 日，当我将儿子抱在怀中时，我产生的第一个想法是："现在可不要掉了！"第二个想法是："天哪，我现在能为他做些什么？"婴儿又小又脆弱，我甚至不知道如何正确抱他。我对婴儿一无所知，也从来没有把这么小的生物抱在怀里过。在那之前，我几乎和婴儿没有任何密切接触。在我的朋友或亲戚里，没有人有小孩，一切对我来说都是全新的体验。我极度缺乏安全感，非常害怕做错事。

几年前，我和妻子买了一条狗并带着它去了宠物培训学校。

在那里，我们被教导如何正确与动物相处，在营养与喂食方面要注意什么，在教育方面要注意什么。毕竟，我和妻子不希望真正的问题出在狗绳的另一边。驯犬师说，训练中的大部分时间都需要狗和主人一起度过。

无论如何，我们在宠物培训学校里为养狗做了充分准备。我们因此觉得很有安全感，或者说至少我们觉得自己知道该怎么做。

宠物培训学校与我们的儿子有什么关系？当我把儿子抱在怀里时，我问妻子："我们在哪里可以学习如何与孩子相处，哪里有这样的'培训学校'？"但我的妻子无法具体回答这个问题，她之前也几乎没有接触过小孩子。结果我们俩要面对很大的不确定性。怎么喂婴儿，怎么换尿布，婴儿哭闹时我们怎么办，我们怎么知道婴儿很痛苦……一个接一个的问题在等着我们。让我感到惊讶的是，没有像"宠物培训学校"这样的机构，可以帮助父母先了解一些关于婴儿的基础知识。当然，我们可以向妇产科医生提问，也一点一点地发现了自己可以求助的机构。尽管如此，我们还是很惊讶为什么有宠物培训学校，却没有婴儿培训学校。好吧，人总会在做某件事情的过程中慢慢成长，我们能够从父母那里得到一两条建议。最后，对我们的孩子，我们选择了平衡之道，将纪律和约束与教育原则中的自由成长联系起来。为人父母是一项艰巨的挑战。

对我来说，重要的是意识到，谈到教育和孩子的问题时，我不会真正做到完美。认为一个人可以而且必须始终在教育方面做正确的事的观点是荒谬的。与孩子打交道这件事的具体情况因人而异、因事而异，并且常常充斥着情绪化的色彩。

每个人都有棱角，都难免会犯错。我们不是机器，而是有情感的人，因此需要找到最佳平衡。我注意到，最好的决定往往来自直觉，凭直觉做出的决定往往最终会被证明是正确的，或者至少没有大问题。如果出于对做错事的恐惧而不断查看各种育儿指南，以便做到"一切完美"，那么在育儿方面，你就会不信任自己的直觉，那样做往往会导致更糟的结果。

此外，一个家庭由不同的成员组成，每个父母都有自己的个性，每个孩子也是如此。对一个孩子来说正确的教育方式可能对另一个孩子并不适用。这始终是一个针对儿童个体的特性进行反应的问题，父母需要相应调整自己的育儿方法。我们的第二个孩子是个女孩，她的很多处事方式与我们的儿子截然不同。当然，我们从一开始就对她采取了与第一个孩子不同的养育方法，即使是父母也要坚持学习。决定不止生一胎的父母很幸运，因为他们能做更多、更正确的事，能从教育第一个孩子时所犯的错误中积累经验。对我们的儿子来说不正确的育儿方法或措施，对我们的女儿可能恰恰是正确的，反之亦然。

所有这些都与完美没有什么关系。成为完美的父母基本是不可能的，我们只能尽力而为。在此过程中，要利用各种知识，找寻自己的信念，并尽可能遵从自己已经决定遵循的原则和信念。当然，我们可以提升自我，主动阅读书籍，市面上有许多相关书籍。然而，对我来说，"完美的育儿方式"一直是个值得推敲的说法。因为哪种育儿方式会促成理想的结果，只能基于个案才能确定。我们应该把自己看的书理解为启发之书，并自己决定什么能真正帮助我们，这是必须的。顺便说一下，对待你目前正在阅读的这本书时也应如此。

据我观察，即使在现在，仍有许多家长将完美的教育结果理解为孩子在任何情况下都知道如何恰当地做出反应。然而，争吵、不顺从和叛逆也是家庭生活的一部分，不是吗？孩子应该成为一个只会说"好"的人吗？当然不是。孩子需要能够思辨，以便在这个世界上坚持自己的立场。一方面，如果没有思辨能力，不能坚持自己的观点，他如何在生活中不断学习？如何解决冲突？另一方面，像单一程序一样只会否定的孩子也称不上有智慧。

在我看来，给予孩子他所需的自信心，使其感到自身的强大和安全，才是更好的解决方案。每当孩子们需要父母，我们就在他们身边，表示理解并制定必要的原则，这是很好的教育起点。在此，我想再次强调：

> 在教育问题上，"完美"一词是完全不合适的。最好的办法是在具体情况下，以理解或爱取代它。

作为父母给予推动力

很多孩子会让父母参与他们的生活，认为父母可以在解决问题方面提供支持，对此我们一直都感到很自豪。重要的是，我们可以

给予孩子找到解决方案的推动力。这里举两个例子。

第一个例子：当我儿子刚满 17 岁时，他在学校与一位老师产生了矛盾。他觉得老师没有公平对待他。我们对他的教育方式使他选择要直接解决和澄清这件事情。然而，老师并没有解决他的问题。我妻子试图通过秘书办公室与这位女教师预约谈话。但被这位老师拒绝了，理由是她没有时间与所有家长当面交谈。然后我写信给老师，坚持要求约见。一天后她给我打电话，惊讶于我们对已经 17 岁的儿子投入如此大的精力。她认为他必须自己解决这些问题。我向她解释说，我们与孩子的关系非常好，总是陪伴在他们身边，在冲突中支持他们。对这位老师来说，这可能是非同寻常的，但对我们来说却不是。在这种情况下，正确的处理方法是什么？让孩子自己处理问题？还是鼓励他们先自己解决，然后再给予支持？还是一开始就站到他们那边？我们已经在教育过程中积累了一定经验，我们认为支持孩子是正确的。同时，我们一直重视给孩子成长的机会，鼓励孩子自己找到解决问题的办法。作为回报，我们得到了孩子的信任，也可以绝对信赖他们。

第二个例子：有一天，我们的女儿带着一个朋友来找我们。女儿的朋友哭得很厉害，像是受了很大打击。当时她 15 岁，比我们的女儿要大一些。她说她感觉被她的父母忽视了。她的父母经常工作到深夜才回家，因此没有人和她一起做家庭作业，而且她不得不自己准备饭菜。她从父母那里找不到谈话伙伴，也得不到父母的任何支持。我们的女儿想帮助她，但对此也感到不知所措，她向我们征求意见。我和妻子与这个女孩进行了深入交谈。我们建议她去找学校的心理医生谈谈，这样心理医生就可以在她的父母和她之间予以协调。我们还提出，如果这样做无法达到预期效果，我们很乐意与她的家长联系，但只将此作为第二选择，因为在这种情况下，其他家长的干涉不会带来任何益处。幸运的是，她与心理医生的谈话达到了预期效果。

我们在这两个例子中的行为能否被描述为完美的？我想并不能。但我们在这两个例子中都实现了我们的目标——这与完美无关，坚持自己的原则和信念显然比完美重要得多。要以理解、共情的方式与儿童和青少年沟通。我确信，完美的育儿方式并不存在！

父母的完美主义可能导致的情况

作为父母，我们不可能做对所有事。不要有"事事都要做到完美"这种想法，更重要的是保持内心的开放，睁大眼睛仔细观察，辨别出孩子们何时需要支持，何时又在向错误的道路上前进。当他们需要我们时，我们要在他们身边，支持他们的成长。每个人都要对自己的生活负责，我们的孩子也不例外。向他们展示正确面对问题的方式，允许他们自己去体验。如果他们需要建议，就给他们一些建议；如果他们可能犯错，就让他们犯错。很多时候，对成年人适用的道理，对孩子同样适用：他们要在犯错中成长，从错误中学习。

是什么让我们在面对孩子时，想把一切都做对？对做错事的恐惧从何而来？也许部分来自众多影视剧、杂志和育儿指南，它们让我们相信完美的世界是存在的。育儿的过程中以及日常家庭生活中有欢笑也有泪水，我们必须接受这一点。事情并不总会按照我们希望的那样发展。特别是，当某人是单亲父母时，这可能会导致其想做得更完美，犯更少的错误，更无可挑剔。做错事的恐惧在单亲父母身上往往会不可估量地增长，因为教育的责任压在了一个人身上。单亲父母往往觉得自己必须兼顾父亲与母亲的角色，这无疑会加大他们追求完美的压力，导致他们更易紧张，变得更加严格，更缺乏耐心。或者有时，情况则恰巧相反，他们不关心纪律和规则，因为他们不想让孩子过于辛苦，毕竟孩子已经缺少来自父亲或母亲一方的照顾。

已故的图宾根儿童精神病学家莱因哈特·伦普（Reinhart Lempp）教授认为，对孩子来说，家庭的内容比形式更重要。所谓内容，是指家庭中普遍存在的气氛，它与家庭的成员组成是否完整，家庭是否"标准"无关。父母某一方不在身边而造成的缺失，孩子会从环境中得到，比如从姑姑、叔叔、祖父母、邻居或朋友那里。

在教育子女方面过于追求完美的父母往往会对孩子有很多要求，孩子为此也必然要付出很多。这些父母不允许孩子犯任何错误，不允许孩子带回家的成绩单不够好看，他们要求孩子在体育课、音乐课或舞蹈课上总有好的表现，长此以往，孩子很快就会过度劳累，疲惫不堪。

出现完美主义的背景往往是父母把自己未实现的梦想寄

托在孩子身上，认为孩子应该替他们取得一些他们自己没有取得的成就。

著名网球运动员安德烈·阿加西（Andre Agassi）谈到这方面时表示，他的父亲非常爱他，但他有时却希望父亲少爱自己一点儿。他的父亲为他的网球生涯制订了一个长远计划，在落实这一计划方面十分严明，毫不留情。家里的气氛完全取决于阿加西训练时是否认真。他身上背负着巨大的压力，一旦输了比赛，就意味着他在家里会事事不顺。他的父亲不能接受失败。阿加西在2010年接受采访时说，他在四岁时就已开始关注哥哥姐姐们的比赛，希望他们能赢，但这个愿望经常落空，所以他的父亲把所有希望都投射在他身上，这最终导致他几乎憎恨与网球有关的一切。阿加西始终无法接受网球是他生活中很重要的一部分。与之相关的名声和财富只能让他的生活变得更容易忍受一些。关于他自己的孩子的教育问题，他说他会尝试教导他的孩子们要富有同情心。他想让孩子们理解与人为善的意义。阿加西首先关注的是在学校受到的教育和对性格的培养。现在回想起来，他非常后悔自己没有接受一些好的教育。父亲对完美的追求在他的生活中的其他方面留下了深刻痕迹。在采访中，阿加西谈到他在日常生活中对完美的诉求。

"我们俩［阿加西和其妻子斯特菲·格拉芙（Steffi Graf）］都存在的一个非常大的问题是，在决定要做一件事时，必须做到完美，无论我们是在厨房做菜，还是在为家庭或企业做选择。"

阿加西的父亲对完美的追求将阿加西塑造成了成功的网球运动员，但他也因此而无法享受童年的快乐。这次采访中提到了他的童年，他甚至这样形容："我有一个畸形的童年。"为了达到一流水平，他需要不停地追求完美。但追求完美也有许多种方式，我认为，有比只追求成功的、过度的完美更让人快乐的追求完美的方式。孩子需要父母陪伴在身边，为他们制定规则，鼓励他们，给予他们温暖、耐心、支持和指导，孩子需要机会来靠自己成长。如果你作为父母，能在教育过程中适度寻找平衡，那么在我看来，你做的就是正确的。

花点时间思考

安德烈·阿加西的例子表明，父母追求完美的理念也许真的有助于将孩子培养成非常成功的人。但这样做的代价有多大？这值得吗？孩子是否真的对此心存感激？难道没有其他方法可以像阿加西做的一样，让孩子既准备好独立面对生活，同时又感到幸福吗？

在教育孩子方面，或者在你个人生活中的其他领域，你是否有落入完美主义陷阱的危险？完美主义的陷阱对你的成功会起反作用，有时它甚至是有害的。

第 2 章的思想火花

· 干涉不可避免地会导致冲突。

· 改变同伴对你的看法会改变人们与你相处的方式。

· 对完美的渴望往往掩盖了对不被承认的恐惧和对被接受的渴望。

· 将改变的意愿集中在能改变的情况上。

· 对普通的结果感到满意有时是正确且明智的。

· 爱自己是一种权利。

· 一个人对自己的态度决定了其在完美主义方面的程度。

· 一个人的发展资本和潜力主要基于其长处。

· 在教育中,完美主义没有立足之地。

勇于直面缺憾，建立幸福关系

我们都想拥有一个爱我们、永远在我们身边、永远支持我们、永远不会和我们吵架、一辈子都会和我们在一起的人！这听起来是不是像童话故事？在社交媒体上，我们常看到的是分手、争吵和不幸的夫妻。我们该如何相信亲密关系？当我们审视自己的亲密关系时，会发现关系中有争吵和意见分歧，有时甚至有谎言、嫉妒，尽管我们与伴侣之间是有感情的。在所有美好的时刻之外，还有一些不那么美好的时刻和情景，很多事都不如我们希望的那般完美。

　　即使我们很想追求完美，也很难拥有一段事事完美的亲密关系。我们应当如何面对亲密关系呢？我们应该为此和伴侣分手吗？现在就开始寻找完美的伴侣是更好的吗？不，当然不是。

　　完美的关系不意味着一切都是美好的，而是指两个人努力创造一段最好的关系。这个世界上并不存在其他形式的完美关系，在一段亲密关系中，我们必须偶尔有勇气直面缺憾。

寻找完美的伴侣

这一节，让我们从一组数据开始：在德国，大约有 1680 万人单身。两个德国在线门户网站在一项联合研究中发现，约 82% 的人渴望找到热烈的爱情。他们中很少有人自愿单身，他们希望能找到一个合适的伴侣。53% 的德国人在互联网上寻找与他们合拍的另一半。只有 19% 的人对自己的单身处境感到满意，并表示目前不想拥有一个稳定的伴侣。40% 的已婚夫妇会离婚。近年来，离婚人数稳步下降，结婚人数正在不断增加。平均而言，一段婚姻会持续将近 15 年。

> "完美总是看起来很好，有时也很有效，但它并不存在。"
>
> 尤斯图斯·福格特（Justus Vogt, 1958）

什么是"完美匹配"

一些应用程序声称我们可以通过它们找到完美的伴侣，找到一个最适合自己的伴侣。在现代德语中，这种情况被称为"完美匹配"。但真的有完美的伴侣吗？"完美匹配"的具体含义又是什么？

无论如何，我遇到过这样一个人——一个女人，她即使不靠言语也能理解我的想法，遇事总站在我这边，只有在冲突不可避免时才会反驳我。问题是什么时候冲突是"不可避免的"呢？她从不欺骗我，最重要的是，她完全爱我所爱（我也知道这是一个莫名其妙的可怕想法，但它的产生与我自己本身的问题有关）。

1999 年：我和相恋多年的女朋友分手了，我们在一起八年，经历过很多坎坷，中间也分开过几次。到最后，我们更像兄妹。交往期间发生了太多事情，考验着我们的爱情。我们都没有准备好为这段关系投入足够的时间和精力。比如，我忙于经营自己的公司，那时的我们除了分手想不出更好的解决问题的方法。分手后，我仿佛掉入了一个深渊。男人在 29 岁时经常有这种感觉，我在某一天结束时也时常会陷入一种恐慌。我这样描述当时支配着我的感觉："我，天哪，我马上就要 30 岁了，不会再有人愿意嫁给我了！"我从来都不是一个可以享受孤独的人。每个周末我都会去舞厅寻找我认为完美的女人。有一次，我的朋友甚至给了我一件印有"我单身，正在找你——01……（手机号码）"的 T 恤，拖着我去了舞厅。这件 T 恤没有发挥什么作用。那时相亲网站还不像现在这么普及，人们必须线下约会、相亲。几个月后，我终于放弃了。我去舞厅的次数越来越少，整个人如同患上了抑郁症，我不再相信世界上有适合我的完美伴侣。

一个周五，我的朋友打电话给我，问我是否想出去散散心。我当即下定了决心。那时距离我上一次出门已经有几周了，我这次出门不为别的，只为了玩。那是个美丽的夜晚，过了很久我才注意到一个女孩一直在看着我。她根本不是我喜欢的类型，所以一开始我没有回头看向她，但她一直对我微笑。她的目光是如此强烈，以至于我感到有点不舒服。我甚至不知道眼睛该看哪里。突然，她走到我旁边，非常自信地说："我已经 30 岁了，不是德国人。"她个子很高，有一头乌黑、卷曲且相当凌乱的头发——我以前的女朋友个子都不高，而且往往有着金色的头发。

　　她说英语，只会说一点德语，而我的英语说得不好，但不知为何，这似乎并未影响我们之间的沟通。她说："我的名字是卡梅利亚（Camelia）。"我说："是那个卫生巾品牌吗？"显然，这样说不太礼貌。她先是问："什么？"然后回答："是山茶花的意思，你可以叫我卡米。"她仿佛有一种巨大的魅力，立即征服了我。我们约好第二天见面。从那一刻起，我们没有一天不见面：我们在寒冷的雨中在公园的长椅上坐了几小时，凌晨三点临时起意开车去巴黎吃早餐，一起游览阿姆斯特丹……仿佛世界上除了我们，什么都不复存在。

　　在遇到她的第二天，我就反应了过来。无论外表还是性格，她都与我当时想要的完美伴侣相差甚远。不管过去还是现在，她都和我想象的完美伴侣有很大不同，也许这正是她对我的吸引力的来源。我必须坦白，约会两周后，我陪她去理发店做了头发，那时也许关于完美伴侣的想法仍然深植于我的内心。约会四周后，她回到了罗马尼亚。她只在我们约会的这四周到访德国。那时是 10 月，我非常难过，并在 11 月通过电话向她求婚，我知道这听起来并不浪漫。我问她是否愿意嫁给我，她说愿意。直到今天，我仍然不知道她当时为什么这样做。我现在很确定她就是最合适我的伴侣，显然她对我也有同样的感觉。当然，我们那时才认识四周。在这么短的时间内，恋人都还处于热恋期，连空气中的泡泡似乎都是粉红色的。直到现在，我都无法解释那种感觉。那年 12 月，我去罗马尼亚陪了她四周，然后她就跟着我定居德国了。这一切看起来相当疯狂，并且完全不符合我当时关于"完美伴侣"的想法。

是的，卡米和我之前想象中的完美伴侣不同，她并不完美，就像我也并不完美一样。但她适合我，显然我也适合她。现在，我们已经结婚 20 多年。

在过去的日子里，经营婚姻对我们来说并非易事。我们必须克服各种障碍，也流下了数不清的泪水。10 年前，我们差一点就离婚了，但我们坚持下来了。曾有一段时间，我们去寻求亲密关系辅导师的帮助，这是我们在那时必需的支持。我必须承认，直到那时我们才真正意识到彼此都必须为伴侣关系付出努力，站在对方的立场上思考。婚姻不需要一切都完美无缺，我们要学会接受。在一段关系中，不同的意见和看法就像爱和关怀一样不可或缺。重要的是要给对方发展所需的自由和空间，接受"每个人都想过自己的生活、拥有自己的想法"这一点。我认为这比在一段关系中追求完美重要得多，因为在亲密关系中不可能存在完美。理解这一点是我们能够建立和维持让人愉快、满意的亲密关系的关键。

有时你必须明白，在一段关系中，不完美可能才是真正的完美。

乐观主义与现实

如今，独自生活、一直单身不再是问题。但在 40 年前，情况大为不同。在德国，无论一段婚姻幸福与否，你都必须留在这段婚姻中。大龄未婚？怎么可能！那时认为这是不对的。幸运的是，那些时代早已一去不复返。目前，德国的离婚率略有下降，结婚的人越来越多，这表明对一段关系感到满意的人越来越多。追求轰轰烈烈爱情的单身者的人数之多也反映了这一趋势。所以，如果人类本质上更喜欢与伴侣相处，为什么还有这么多人选择离婚？离婚率不是应该下降很多吗？难道那些离婚的人都选择了错误的伴侣吗？

我认为人们选择离婚有很多不同的原因。现在，女性想要并且可以像男性一样工作。然而，有些男性无法接受这一点，他们很难在家庭方面的工作中找到满足感，毕竟他们过去总在狩猎并负责养家糊口。他们必须先适应这种变化，我很确定，有朝一日，他们一定能适应。

此外，家庭组成形式正在急剧发生变化，这对人们的适应能力提出了很大的挑战，新的发展机遇的出现使得女性的需求正在发生变化。与此同时，人们共同生活的方式和需求也在发生变化。

我们的生活态度正在朝着追求完美的方向转变，我们不再满足于"次优方案"。这种转变几乎体现在生活的每个领域中。

因此，越来越多的人想要寻找完美的伴侣，他们认为不论外表还是性格，他／她都应该尽可能地接近自己的理想型。在一段关系的开始，这种标准似乎很有效。根据我的观察，这是因为在一段关系开始时，我们往往只看到恋人美好的一面，只看到自己特别喜欢的部分，完美的滤镜影响了我们的看法。但这一滤镜存在的时间通常只有3~6个月，在这段时间里，我们并不认为对方是其原本的样子，我们看到的只是我们想象中的对方。在那之后，我们慢慢注意到恋人身上不那么完美的地方。经典的例子是：伴侣穿着袜子上床，刷牙时不关水龙头。另外，很多人都想发展得更快，改变得更快，有时我们与伴侣有着不同的发展方向。相比做出妥协和让步，我们更想实现自我价值。

我和我的妻子也是如此。随着时间的推移，我们注意到并非一切都是完美的。与卡米见面后的六个月内，我几乎不管我的公司。对我来说，在那段时间，世界上只有卡米，没有其他东西。然而，随着时间的推移，我不得不把目光转向公司，我们损失了很多客户，销售额也跌到了谷底，我在经济方面受到重创，不得不咬牙坚持，以免失去生计。卡米不再是我心目中唯一的焦点，我必须先拯救我的公司。当然，一开始她觉得自己被冷落了，孤身一人在异国他乡，她的感觉很不好，于是我们第一次发生了争吵。我们一次只能真正专注于做一件事，大多数时候另一件事必须被搁置。卡米一开始一直在家里，希望我能多花些时间陪她，但我没有时间，至少没有她需要的那么多的时间。我想要也不得不花费时间和精力拯救我的公司。这导致我们的关系中出现了紧张的氛围。好在她很快找到了工作，忙碌的状态平息并最终解决了我们最初的矛盾。我们都意识到，每个人都应该有自己的时间，我们为关系中的这个阶段找到了一个很好的解决方案。

以解决问题为导向进行思考而不去指责他人，才是真正的挑战。在冲突发生时，我们通常很难站在别人的立场上思考问题，容易过于坚持自己的想法。但是换个角度，让自己站在别人的立场看问题，是摆脱根深蒂固的旧观念的好方法。这一点不仅适用于亲密关系，也适用于生活中的其他领域。

为关系努力，共同创造

现在越来越多的人不想在人际关系和亲密关系中妥协。这些人将一直处于寻找完美伴侣的状态。但是正如我刚刚已经指出的，完美伴侣可能并不存在，或者至少他们不是我们通常想象的那样。因为如果我们真的找到了"完美伴侣"，那么对方大概率也和我们之前想象的完全不一样。寻找完美伴侣的讽刺之处在于，我们经常在意想不到的场景下找到那个人。如果在一段长期关系中我们称我们的伴侣是完全适合我们这口"锅"的"盖子"，那么这个盖子有时与我们在进入关系前想象出的盖子并没有什么相似之处。

在一段亲密关系中,两个人的性格可能截然不同。每个人都是独立的个体,都拥有自己的观点、意见和需求。亲密关系中的人需要面对的挑战是,这些观点、意见和需求不是一成不变的,而会随着时间流逝不断发展变化。两个独立的个体生活在一起,就意味着数不清的挑战会聚在一起。当然,爱情里有很多让人快乐的时刻、情境和感受,但也有很多分歧,这需要双方有妥协的能力和理解对方的能力,不停追求完美只会带来不快乐。接受对方本来的样子是个真正的挑战,因为我们很难喜欢一个人的一切,我们对某些事情的看法也不相同。我们都希望伴侣做我们想让他们做的事情。但是,无论我们改变伴侣的想法有多强烈,都不能真正改变对方,他们只能自己做出改变,而且前提是他们愿意做出这样的改变。一段幸福的亲密关系需要两个人的努力。

只有当双方都准备好走近对方时,亲密关系才能得到长期发展。

再次说明一点:在德国一段婚姻平均持续 15 年。起初,人们需要时间互相适应,慢慢地,有些事情就变得理所当然。久而久之,很多情侣只是住在一起,却忘了走近对方,至少偶尔创造一些惊喜。因为给婚姻保鲜的秘诀在于不断改善这段关系,而不是将很多事情视为理所当然的。要接受伴侣的缺点并帮助他们改变,当然,前提是你的伴侣想要改变。

从对单身男女的调查数据中，我们可以发现，单身并不总是快乐的，一个人住也并不总是美好的事情。单身或非单身当然都有自己的魅力，但从根本上来说，人类的社会属性决定了我们更愿意和另一个人待在一起。实现这一目标最直接、有效的方式，就是开始一段关系，和伴侣共同发展。大多数婚姻远非完美的，但也没有想象中那么糟糕。我们要认识到：每个人都是独立的个体，都需要自我发展的空间，但与此同时，每个人又都需要和另一个人互相扶持，共同生活。基于上述两点，我们应该创建并扩大双方共同点的交集。这并不意味着我们必须改变自己或违背自己的本心来和对方绑定。我的意思是，在分手前，每个人都应该再考虑一下自己和伴侣之间的共同点。我们首先要做的是共同为维护关系而努力，不断扩大共同点的交集，而不是让交集越来越小。这当然意味着要付出大量的努力，但这些努力是值得的。通过努力改善关系，我们可以创造并留存一些有意义的东西，找到真正的快乐。因为人类通常在处于一段关系中时最快乐。

就我个人而言，我在大约 10 年前，即和卡米差点分手时，才意识到上面这段话的含义。

那时我们各忙各的，只是住在一起，至少我当时有这样的感觉。两个人都在做自己的事情，几乎没有共同点。我缺少被爱的感觉，并非真正地感到快乐。之后，我在一次会议上遇到了另一个女人，她给了我在那段时间我似乎缺乏的东西——真正的关注和偏爱。我再次产生了恋爱的感觉，体会到了"小鹿乱撞"的滋味。这种感觉再次提醒我：当我和我的妻子在一起时，我不再有这种感觉。不可否认，在婚姻中，我和我的妻子之间依然存在一条紧密的纽带，但我很怀念我们刚开始建立关系时，那种总是伴随着我的怦然心动的感觉。那段时间，我有强烈的想要离开妻子的意愿。为了让自己有认真考虑的时间，我还搬出去过一次。

我花了几周的时间，想明白了如果我离开我的妻子，我要付出什么样的代价。我们有美满的家庭生活，有两个孩子，我们共同建造了自己的房子，还有一条可爱的狗。我们彼此相爱，在搬出去的那段时间，我愈发明确地意识到这些。我意识到我爱上的其实是被爱的感觉，而不是另一个女人。我被这种被爱的感觉所吸引。然而，我也意识到，和另一个女人之间的这种强烈的感觉也会随着时间流逝而慢慢消失。但如果爱情不断发展，关系就会发展到另一个阶段。在那个阶段，价值的重要程度被重新排序，新的价值观能够确保亲密关系长期存续。意识到这一点后，我准备回到妻子身边，挽回婚姻，确保我们再次走近彼此，让感情恢复生机。我们要意识到并且理解一点——在一段关系中不可能也不必做到完美。

追求完美的关系其实是个好想法。然而，在实践中，这很难实现。不巧的是，追求完美往往会阻碍我们建立并维持和谐幸福的关系。如果我们只看到伴侣的错误和关系中不完美的地方，始终只注意关系中的消极面，我们就会放大这些消极面，忽视积极面。这将导致我们对关系越来越不满意。亲密关系在很大程度上需要妥协和相互理解，关系中总会存在不同的意见和态度，以及使我们与众不同的个性特点。但与此同时，我们也有很多相似的地方，存在巨大的共同点的交集。想维持一段关系，应尽可能多地找到彼此间的共同点，最大限度上达成一致。但是，永远不会有 100% 的一致。这种完美在现实中几乎是不存在的。多看看好的方面、多寻找共同点，会使关系更加和谐，而后人们会渐渐淡忘那些自己觉得糟糕的方面。

在一段关系中，哪些方面最重要，体会到哪种感觉，完全由你自己决定。

伴侣是独立的个体

每个人都在不断成长，有时在一段关系中，两个人会走上不同的发展道路。这是不可避免的，因为在这段关系之外，每个人也过着自己的生活，积累着自己的经历，与不同的人相处。每个伴侣都是独立的个体，独立的存在。正是这种多样性使生活充满趣味，同时也充满挑战。一段关系的质量取决于双方在多大程度上持续努力、改进和优化这段关系。这个过程与完美无关，只与发展和成长有关，我们不应该一次又一次地尝试改变伴侣。虽然如果伴侣与我们极度相似，我们可能会更喜欢他们，但事实并非如此，也幸亏事实并非如此。我们越早领悟到这一点，越早接受伴侣本来的样子，就能越早收获一段良好而幸福的亲密关系。

> "有些人想要优化对方，来让自己实现最好的成功。"
>
> 安德烈娅·米拉·梅内金（Andrea Mira Meneghin，1967）

    良好的亲密关系需要双方走近彼此，发现并创造共同点。这样做不是为了达到完美或使对方成为自己完美的另一半。如果我们努力拥有这种心态，就更有可能拥有一段长期、简单、美好的关系。

    追求完美的关系会阻碍人获得幸福，这种想法几乎是通往不快乐的"指南"。

差异使亲密关系更鲜活

    事实上，正是差异造就了幸福的关系。我们需要一个能促进我们成长的伴侣，而不是或不总是一个对一切言听计从的伴侣。如果伴侣有自己的想法并与我们分享，我们同样可以得到发展和成长。当然，通常我们更喜欢伴侣顺从、附和我们，总是赞同我们的意见和决定，但这对我们没有任何帮助。在我看来，肯定和敦促的占比应尽可能保持平衡，这有助于我们进一步成长。在某些情况下，我们需要肯定和鼓励；在另一些情况下，则需要建议和敦促。当二者恰好处于平衡状态时，关系才会和谐，而如何努力实现这种平衡，正是我们面临的挑战。作为伴侣，应该陪伴和支持对方，但在适当的时候也应该提供建议，帮助对方做出正确的决定。

    这就像我的婚姻中那段分居的时间一样，很艰难，但对我们的关系很重要。我坚信那段经历挽救了我们的婚姻。如果没有出现那种严重的问题，我们的婚姻可能也不会有好的转变。我们可能会继续一起生活，但根本意识不到我们的困境，继续不快乐地一起生活，抑或永远分开。这让我们很不舒服、很痛苦，但在生活中，我们有时需要当头棒喝来让我们看清楚自己拥有什么，什么对自己来说是正确的。这件事对我们两个人而言都是很大的打击，以至于我们决定接受有关亲密关系的辅助治疗。通过这个治疗，我们真是大开眼界。有时我们需要外界的帮助，需要别人在我们面前放一面镜子，向我们展示我们的幸福所在。幸福往往不在于完美，而在于勇敢地直面缺憾。

告诉我你的朋友是谁，我会告诉你你是谁

"你是与你相处时间最多的五个人的平均值。"这句话来自励志演说家吉米·罗恩（Jim Rohn）。也许你听过这句话：通过观察你的朋友，你就会知道你是谁。

这可能并不总是正确的，但它确实有一定道理。可以肯定的是，我们更喜欢同与自己相似、和自己有共同爱好的人相处。我们加入由与我们志同道合的人组成的俱乐部和组织，因为我们觉得能与他们在精神上和情感上产生共鸣。随着时间的推移，我们也在互相影响。一方面，我们不断适应身边的人；另一方面，这些人也在适应我们。

人类具有社会属性，追求和谐，并且通常通过适应他人和环境等方式实现这一目标。在处理社会地位和收入等问题时，情况也是

类似的，当周围人和我们的收入水平相当时，我们通常会感到更自在。通过这种方式，我们避免感到自卑，或许这种方式还有一个作用，就是让我们从一开始就不会产生"嫉妒"这一情绪。

然而，当我们的收入明显高于周围人时，我们往往会感到不舒服，因为我们也不想被过度关注。由于这些原因，我们自然而然地更倾向于与和自己相似的人走到一起。但这并不完全是适应他人与环境的结果，而只是其中的一方面。另一方面，我们也喜欢选择与自己相似的人，我们会主动选择适合自己的人。这一切都不会发生在我们意识到的情况下，而会发生在我们没有意识到的情况下。所以，多年来，完美的朋友圈也遵循这个规律，当我们的发展程度不同于周围的人时，我们的朋友构成也会发生改变。

在我们直接接触的环境中会发展出一种共性。我们经常与他人结为同伴，相信"物以类聚，人以群分"。因此，通过观察身边最亲近的五个人，我们可以更好地认识和了解自己。

写到这里，我的思绪立刻飘到了我身边的人身上。在此，我指的不是我的孩子、父母和兄弟姐妹。这些人没有主动融入我的生活，我也没有选择他们，他们是我"被迫熟悉的人"，我与他们之间不是选择性的关系。我这里指的是我们主动选择的身边的熟悉的人，我们允许进入我们生活的人或被我们吸引的人，例如我们的伴侣、朋友和熟人，同事有时也包括在内。观察这些人，我最先注意到的就是我们之间的相同之处——不是多样性，而是相似性使我们走到一起。事实上，他们的收入与我相似，他们追求的目标与我相似，他们的生活节奏与我相似，他们的性格特征也与我相似。我的好朋友和熟人也都是个体户或企业家，倾向于努力把每件事情做得尽善尽美。令人惊讶的是，对五个最亲近的人的观察可以帮你更好地从各个方面了解自己。有两个问题我问过自己很多次：我周围的人在多大程度上是完美主义者，以及他们在这一点上和我有何相似之处。

你身边的人有多追求完美

从对身边人的观察中，你可以清楚看到自己对完美主义的态度。现在我们可以假设，让比我们更优秀的人围绕在身边对我们自身的发展是有好处的，因为他们可能会帮助我们，用他们的经验指导我们。这个假设并不荒谬，甚至可能是真实且大有裨益的。确实是这样，例如，我们的导师，他们确实可以帮助我们提升自我，但他们是你主动选择的人，而不是自然而然地与之相处的身边人。

> 有一个"说着容易做着难"的老生常谈：去亲近那些对你产生积极影响、鼓舞你的人，而不是那些阻碍和阻止你成长的人。

但是，我们如何在生活中做到这一点呢？同时，我们也应该反思自己是不是他人的阻碍者。

做到这一点的最好方式就是让自己成长，从而吸引那些人努力接近你、模仿你或把你视为榜样。这反过来又导致了一个非常具体的结果：通过主动做出改变，你会自动改变你所处的环境和身边的人。

需要注意的是，这无关于追求完美，也无关于拥有完美的朋友，只与你自己有关，你只需要做好自己，每天进步一点点。朋友圈子和熟人圈子是对你的发展情况和追求完美的程度的反馈之一。因此，仔细观察周围的人可以帮助你更好地了解自己。你所处的环境像一面镜子，让你能从不同角度看清自己。

花点时间思考

问自己以下问题。

· 在内心深处，你对朋友的真正期望是什么？

· 你的期望如何对友谊产生影响？

· 在你看来，怎样一段友谊才算"完美"？

· 你怎样做才能成为一个"完美"的朋友？

什么是"完美的友谊"

我的妻子卡米社交能力很强，熟人很多，当然她和有些人的关系不是很深，就像人们与许多人同时进行互动时一样，只是"聊得来"。直到几年前她有了一个真正的女性朋友。在此我称她为劳拉。卡米与劳拉共同做了很多事，卡米几乎把一切可能托付给他人的事情都交给了劳拉。卡米有时可能也会和劳拉谈到我，但不是在说我的缺点，只是谈了我好的方面……

　　当然，卡米也有其他熟人，她也与他们见面、共事，并与他们交流想法。她的朋友劳拉对此却一再发表不友好的言论，明显让人感觉她可能对此非常嫉妒。卡米时不时会与劳拉断联几周，这对卡米来说很正常。然而，劳拉对此抱有完全不同的看法，她甚至斥责卡米，指责她好久没给自己发消息了，抱怨她一直和别人交流，而不是和自己在一起。在我的妻子眼里，一段好的友谊意味着，两个朋友可以好久不见，也可以有一段时间频繁见面；劳拉对此则有不同看法。事实上，她要求卡米每周要联系她好几次，而且不可以有除她之外的其他好友。

　　问题的关键在于，对方对友谊的期望是怎样的，这适用于所有的友谊。对方的看法和态度是怎样的？从我的角度来看，一个好朋友意味着，当我迫切需要对方时他能陪在我身边，当我遇到问题时，他会改变自己的日程安排，优先将时间留给我，我们不必一直见面。对我来说，友谊的特点是虽然好久不见，但再次见面时，可以自然地提起上次讨论的话题，就像昨天刚见过面一样，这只有在亲密且彼此信任的关系中才有可能做到。在这种关系中，即使长时间不来往，友谊也不会淡薄。此外，我希望在与朋友分享隐私后，能够确定对方会替我保密。但这些只是我个人对完美友谊的定义，你的定义可能与我完全不同。所以我们说，与他人打交道这一问题完全是见仁见智的。

重要的是，我们不仅要了解对方对完美友谊的定义，还要接受并认可他们的定义。接受朋友对完美友谊的定义意味着不向朋友强加自己对完美友谊的定义。

我们不能假设朋友对完美友谊的定义与我们完全相同。如果有这种假设，那么就会像我妻子和劳拉的例子一样，最终毁掉一段友谊。如果她们当时交换了意见，表达了各自的期望，那么也许最后她们可以有一个更好的解决方案，她们的友谊会建立更深厚的基础，延续更长时间。为了做到这一点，我们需要改变自己的视角，努力理解他人的观点。我们绝不能固守自己的立场，并将其视为唯一的让人幸福的真理。这听起来容易，但我们往往太容易感到受伤或挫败。如果出现类似情绪波动，我们不妨在内心"后退一步"，问自己是哪种心理动机影响了自己的情绪。这样做对解决问题是很有帮助的。这里的关键在于，一方面，我们是否可以接受我们的朋友不是"故意"让我们生气的；另一方面，我们自己是否可以接受让一段友谊变糟糕的原因可能不在于对方，而在于我们自己。

以自己的需求而非他人的期望为导向

当我们准备好接受其他观点、意见并尊重他人的看法时，就能够维系一段良好的亲密关系和友谊。重点不是把朋友变得与自己一模一样，而是认识到他们可以鼓舞我们，让自己在他们的陪伴下得到进一步的发展和成长。与此同时，我们也可以为他们的进一步发展做出贡献。相互理解对一段关系至关重要。

与邻居和同事相处就更困难了。与朋友相比，我们很少可以选择邻居和同事。无论我们想或不想，他们就在那里，如果不想让自己难受，我们就必须面对他们，维持关系。

我住在农村，这里的每栋房子都有自己的花园，有一定的私人空间。当我买下我的房子时，周围已经住了很多邻居，因此我不能选择我的邻居。我当然可以选择买另一栋房子，然而，就位置而言，这栋房子对我来说是最合适的，所以我没有在意邻居这个问题。同样的事情也发生在我的邻居身上，他们无法控制谁会购买房产并在那里居住。我知道挨着我的房子的邻居不是很喜欢我，至于为什么会这样，我只能猜测，但不知道具体原因。我的大儿子和这位邻居的女儿年龄相同。小时候他们经常一起玩，所以我们想邀请那个女孩参加我儿子的生日聚会。但她一直都没有应邀前来，并且她的生日聚会从来没有邀请过我的儿子。某次偶然的机会我们发现，是她的父母不让她参加我儿子的生日聚会，显然，我的邻居不想让她和我儿子一起玩。我并未在意这件事，我们仍然邀请她，但她依然没来过。我不能要求我的邻居与我的想象一模一样，我必须接受他们本来的样子。如果我期望他们按照我的标准行事，后果只能是发生一场激烈的邻里纠纷。这显然会影响我获得满足感和幸福感，让我不开心。卡米总觉得邻居在针对我们，她在这方面更情绪化，并经常告诉我她又对邻居生气了。在我看来，让她生气的都是些小事。例如，当我们不在家时，邻居没有替我们收邮局的包裹，虽然我们平时总替他们收。"没关系，别人会帮我们收的。"我说，"为这点小事生气，不值得。"我试着站在邻居的角度了解他们的动机。我想避免把我对好的邻里互帮互助的期望投射到他们身上。如果他们不符合我对"好邻居"的设想，更不用说我对"完美邻居"的设想，我为什么要为营造好的邻里关系费心呢？如果我想以我的需求为导向，就必须允许其他人以他们自己的需求为导向。我不想让自己适应他人的期望，这正是为什么我不能也不会期望我的邻居适应我的期望。

花点时间思考

请考虑以下问题。

· 你是否因为对一段关系有过高的期望而觉得很难与他人建立关系（如亲密关系、伙伴关系、朋友关系）？

· 对于关系的过于详细和完美主义的想法，是否会阻碍你与其他人进行真正的深入交流？

· 你对完美关系或关系中其他人的要求，是否会导致你过于唠叨、贬低他人的价值甚至失去这段关系？

请调整自己的期望，以一种更放松的态度，让自己远离过高的期望，建立良好的人际关系。

如果每个人都愿意尊重他人的观点或尝试至少部分理解他人的观点，可以避免许多邻里纠纷。任何行为都有其背后的原因和理由，看清这些原因和理由能够很好地帮助我们处理人际关系中的问题。当然，这并非易事。当同事或邻居的行为与我们的预期完全不符时，尝试理解他们就成了一个考验自己的挑战。

与他人打交道时，敢于直面缺憾是构建牢固的友谊或亲密关系的关键。每个人都有个性化的需求和观点，并且他们的需求和观点并不总是与我们的一致，接受这一点能帮助我们更满足、更平静并拥有更幸福的生活。是差异让我们的生活更丰富，确保我们持续发展和成长，而这种因差异产生的摩擦，让我们不断自我革新，每天都能向想象中的自己迈进。

第 3 章的思想火花

· 就像你并不完美（或许你认为自己是完美的）一样，你的伴侣也永远不完美。

· 不要改变你的伴侣，要先改变你自己，通过这种方式，你也会为伴侣的进一步发展提供助力。

· 追求完美的亲密关系会阻碍你获得幸福。

· 始终以自己的需求而非他人的期望为导向。

· 你也不应该奢求他人适应你的期望。

勇于直面缺憾，
健康生活

健康可能是我们拥有的最大财富。但通常只有当自己患了重病或身边的人患重病或死亡时，我们才会开始考虑自己是否为健康付出了足够多的努力。我们的运动情况、饮食习惯和心态，都对健康有重要影响。我们可以通过改变运动情况和饮食习惯和心态来预防疾病或在生病后更快地痊愈。因为很多疾病都是"自找的"，与我们的行为习惯直接相关。

我相信身体的自愈能力，从表观遗传学来看，只要我们相信身体的自愈能力，绝大多数病痛都可以无药而解。如果我们这么思考，很多疾病从一开始就不会出现或能愈合得更快。神经生物学家格拉德·许特（Gerald Hüther）教授也赞成这个观点。他说："每次身体恢复都是自愈的结果。"人体会不断对细胞进行新陈代谢。感觉和想法对身体的舒适感也有很大影响，精神紧张、压力、忧虑和愤怒等情绪会极大地提高患病风险。神经生物学家证实，工作压力大的人比压力适度的人更容易生病。因此我们可以推测，给人带来压力的过度的完美主义也会相应地削弱人体免疫系统的作用。

完美主义者有健康方面的风险，因为他们倾向于不断自我优化，给自己施加更大压力。

为什么完美主义者的生活更危险

某网站上写道："完美主义者想尽可能多地自己完成所有事，他们很少寻求帮助，并且经常拒绝他人向其提供的帮助。"在团队工作中，与他人合作和接受他人的帮助等社交行为会延长我们的寿命。在我看来，完美主义者主要存在以下问题：他们似乎总受到某种力量的驱使，为了满足自己的要求，他们一直处于压力下，因此肾上腺素的水平不断升高，血压也不断升高，心脏也可能跳得更快——这很可能诱发心血管疾病。此外，整个免疫系统都会受到影响，因为身体需要更专注于为器官提供在应急情况下所需要的能量，其他对人体也很重要的器官会因此而得不到足够的能量供给。这意味着，由于过度的完美主义，人的身体受到了影响。

完美主义者经常从事需要付出大量努力的职业，他们的身心压力更大。想要完美地完成和掌控所有事情的渴求也可能会增加中风的风险。完美主义者对自己和自己的身体要求很高，他们很难识别出疾病的一些症状，并且不会对其做出反应。这对他们来说是一个很大的弊端，因为这些疾病症状可能表明他们的身体已经很虚弱，难以正常运转。心理和生理上的疲惫往往会导致精疲力竭、耳鸣、饮食失调、睡眠障碍、头痛、抑郁等症状。完美主义者持续承受的内在压力会给身体带来极大的负担，这不可避免地会带来更高的患病风险。由此我得出的结论是：对于完美主义者来说，照顾好自己的健康、多做运动、健康饮食尤为重要。

我们看起来似乎一直都明白健康的重要性，每个人都想要保持健康的体魄，也知道健康饮食和定期锻炼的重要性。我们一直不断重复地下定决心：明天就开始锻炼！但之后总会出现这样那样的状况，导致锻炼身体的计划一直被搁置。一旦我们陷入这种循环，让锻炼身体的重要性次于其他事，那任务就永远没有全部完成的时候。

少即是多

我们做别的事都能安排时间，却通常没时间去做一次体检。有趣的是，我们不会错过定期保养和检查我们的爱车的时间。如果我们不去检查汽车，汽车可能会失去保修资格或在意想不到的时刻出现故障，因此，我们必须预防这些情况。但是为什么我们不能用同样的方法照顾自己的身体？在这一前提下，我注意到许多人的表现很矛盾，其中就包括一些完美主义者。我们之前谈到了自我优化的强迫性。一方面，我们想创造一个最好的、完美的自己；另一方面，我们经常忽视身体和心理的健康。好吧，不断追求自我优化的那拨人和不能意识到健康的重要性的那拨人可能并不总是同一拨人。但也确实有人兼具这两种矛盾的特质。

通常，当病重并感觉很糟糕时，或者当我们亲近的人生病时，我们才会意识到健康的重要性。但是，在真正意识到健康的重要性后，过度的完美主义又会开始作祟。我们可能会开始过度锻炼身体，并且会用不符合常识的方式锻炼，而不是有计划地增加运动量并慢慢提升身体机能。在锻炼过程中，我们冒着受伤或身体出现劳损的风险。不知何故，我们很难做到适度，要么马上过度锻炼，要么根本不运动，因为我们可能觉得无论如何都无法做到完美。

以我的经验，最重要的是勇于直面缺陷！那些自我优化方面的狂热分子常常鼓吹我们在健康方面要选择完美的最终解决方案。因此，仅减重几千克或"多吃一点素食"是不够的，必须找到完美的解决方案，我们的目标应该是通过锻炼塑造完美的身体。在此过程中，各种榜样经常被摆在我们面前，他们的完美日常根本无法被普通人复刻。我们因此承受着巨大的压力，但我们却允许自己承受这种巨大的压力。

"这世上不存在任何一个毫无缺陷、十全十美的人。"

本杰明·迪斯雷利（Benjamin Disraeli，1804—1881）

在一些媒体的宣传下，我们有时更认可要追求完美，这会阻止我们进一步采取行动。一些外界强加给我们的、原则上根本实现不了的完美阻碍了我们的发展，我们的自我驱动力被消耗殆尽。在这里我必须再次强调，不完美的开始有时是更好的"完美"。与等待万事俱备再开始相比，不完美的开始更容易帮助我们达成目标。因为万事俱备的那一天可能根本不会到来。这可能是之前提到的那种自相矛盾的情况的解决办法。

创造完美自我的冲动和对拥有健康、时尚又完美的生活的期盼可能会使我们迟迟不肯迈出第一步。对遥不可及的完美的期盼削弱了我们的内在动力。

我们的想法不应像上文这样，我们不应以别人为榜样，而要以自己为标准衡量自己。重要的是开始为我们的身体和心理做些什么。我们不需要事事追求完美。例如，你要开始一项想全身心投入的运动，那么你一开始时穿什么衣服一点儿都不重要，我想每个人的衣橱里都有一双运动鞋和一条运动裤。别想那么多，现在就开始。

几年前，我给一个名叫约尔格（Jörg）的好朋友讲了我打高尔夫球的故事，以及我多么喜欢这项运动。在我朋友的眼里，我很清楚地看到了感兴趣的光芒，显然我的故事引起了他的兴趣，他说他一定要尝试一下这项运动。

之后，我们立即安排在下周末进行几次试练。

约尔格的热情持续了一段时间，我们那天下午确实打得很愉快。约尔格在那天结束时告诉我，他准备下周去买需要的装备，然后就报名参加高尔夫球俱乐部。四周后，我们在城里偶遇，我询问他高尔夫练习的情况。他看起来有点尴尬，说他还没有置办好装备，他想要一根与他的身高匹配的球杆。这需要一段时间，因此他还没有开始练习。他自信地告诉我还需要几天时间，他就能开始打球了。

　　大约三周后，我们再次碰面。我的第一个问题当然还是高尔夫球练习。那时，他显得更尴尬了。呃，高尔夫球杆的事情并没有被彻底解决。制作球头的过程中貌似出现了一些差错，必须先纠正错误。所以他还是没有拿到球杆，没办法开始练习。直说吧，在我们第一次谈话大约半年后，他才再次去了高尔夫球场。一个又一个借口导致他无法开始运动。问题就在于，他想把一切都准备好，不留任何缺憾，然后再开始。但做大量准备工作会让我们离实现目标越来越远，简单地置身球场，享受大自然带来的欢乐，同时锻炼身体，这样不是挺好的吗？

　　当然，我们应该考虑想通过这些运动达成什么目标。在第一个阶段，我们至少应明确大致的方向，并随着时间推移，再细化各个阶段的具体目标。只有真正去做，才能一步步实现目标，在采取行动前，不要考虑过多。在迈出第一步后，接下来的事情就显得水到渠成了。重要的是，给自己设定一系列小目标，在达到目标后给自己一点小小的奖励，比如买一双特别时尚的运动鞋等。

　　再说回我的朋友约尔格。在最初的几周里，他完全可以用普通的高尔夫球杆练习。那样他就可以尝试用不同的高尔夫球杆打球，积累更多经验，然后他就可以买到更适合自己的完美装备了。他根本不需要花六个月的时间才再次去高尔夫球场。而且，他在实践后选到的球杆可能更适合他，因为他有机会感受哪个品牌的球杆更适合自己。

> 不苛求完美更有助于我们实现目标。怀着直面缺憾的勇气，设定力所能及的可实现的目标，就可以开始做事了。宁愿不完美地开始，也不要完美地犹豫、拖延。

请仔细思考如何面对自己内在的懒惰。事实上，要购入最好的运动装备通常只是我们因不想开始运动找出的借口。我们总有无尽的借口，这些借口阻碍我们开始做事。一些人在其他方面平平无奇，但在编造借口这方面却极具创造力，甚至可以说是天赋异禀，总能给自己找到借口。

对此，最有效的解决方式是：意识到我们人为地给自己设置了障碍，阻碍了自己着手行动。事实上，这些障碍只能拖延事情的进度，并不是真正的无法克服的困难。我们应战胜自己的恐惧，勇敢地开始做事，尝试新鲜事物。涉足新的领域从来都是不小的挑战，而当下人们更擅长找各种借口。基于此，识别借口是解决问题的第一步，我们要意识到自己是在找借口，集中注意力观察自己的这种行为。之后要分析为什么这个问题会阻碍我们开始行动，我们是否可以在这个问题解决前就开始行动。通常，人们最后得出的结论是：尽管存在这样那样的问题，但其实是可以开始行动的。

之后，我们只需要进行下一步：下定决心，马上开始。开始做事的同时，很多问题都会迎刃而解。在约尔格的例子中，他就可以先用借来的球杆打球，与此同时，再去买一根自用的专业球杆。

良好的自我评估意识可以帮助我们更好地识别借口。有这种意识，我们可以更好地做出决定，直面问题，开始实施计划。一定要勇敢迈出第一步，不要给自我设限。

健康生活，从小事开始

想健康生活不一定要大费周章。相反，健康生活往往是从小事开始的。我们每天都应该留心观察有哪些可以调整的细节能让我们更健康。我们总是喜欢着眼于大的方面，却忽略了很多日常的小细节。你为什么天天吃白面包？你有想过可以换成吃全麦面包吗？你每天都坐电梯，可以试试爬楼梯吗？你每天都坐在办公室里，可以在打电话时站起来活动一下身体吗？这些细节对于拥有健康生活而言岂不是既舒服又实用？其实即使不完美，我们也可以朝着健康迈进。

虽不完美，但可能也足够：我们要盘点一下，都有哪些行为是有助于拥有健康生活的。在日常活动中，我们可以通过增加一些活动的机会让身体更健康，不一定非要去高级的健身场所或专门搭配饮食方案。

有些人一直在思考如何完美地执行完美的计划，却从不开始。

其实通过上述方式，我们完全可以比那些什么也不做的人实现更多关于健康的目标。

追求完美事实上也阻碍了我们开始做那些对健康有益的活动。这是我们为完美主义所困的具体表现之一。一方面，我们把追求完美当成自己迟迟不采取更健康生活方式的借口；另一方面，完美主义还可能让我们运动过度。怀揣过高的雄心壮志，拼命想把一切都做好的心态，会驱使我们超负荷运动，这可能会让我们的骨骼、肌肉、肌腱等受损。在饮食方面，过度追求完美的人常常会有极端的饮食计划，这导致他们常常饮食结构单一，营养不均衡。这种饮食习惯甚至可能导致进食障碍[①]，在下文中我们也会提到这个话题。首先要明确的是，在运动和健康这个话题上，一定要摒弃对完美的执念！重要的是为自己的健康付出行动，过度运动常常会适得其反，不但起不到锻炼身体的效果，反而会伤害身体。要追求平衡，适度锻炼，持之以恒，同时也别忘记享受生活。

紧张与放松之间

我们的生活有时是忙碌和有压力的。随着各方的要求越来越高，出于对失去工作、失去自己辛苦打拼来的一切的恐惧，很多人会拼尽全力，尝试把一切做到完美。我们相信，开足马力可以让我们更快地实现目标。当然，在达成目标的路上有很多需要克服的障碍，我们不得不刹车、拐弯、降速，不然这段人生的旅程就会

---

① 以进食态度及进食行为异常为表现的一种心理生理障碍。包括神经性厌食症等。——编者注

过于危险，甚至走上弯路。此外，如果一直猛踩油门，发动机会过热，其结果往往是精力耗竭。为了能长久地保持高性能运转，必须做到张弛有度，在紧绷和放松之间自如切换。在我看来，适时全力以赴，适时保持放松，才是最好的行进方式。每个人都需要放松的时间来给自己"充电"。每个人都必须为自己选择合适的充电方式：在人生旅途中有各式各样的充电站、充电桩，每个人都可以选择以何种方式为自己充电，使自己重新焕发活力。

一生中最重要的日子

为了让自己的身心的健康保持最佳状态，我们有必要倾听身体发射的信号——是时候改变生活方式了，这对我们的身体很有益处，也恰恰是我们缺少的。如果不改变，长此以往随之而来的毁灭性后果就是：我们由于长时间猛踩油门，完全没有注意到发动机过热，已经开始冒烟了，也没有及时发现障碍物。我们可以选择更好的方法：松开油门，躲避障碍物。此时最好的方法是选择一个较低的挡位，静下心冷静思考如何才能更好地战胜困难或更有效地规避风险。你的潜意识会经常暗示你何时应该小心。在直觉的帮助下，你会意识到何时应该做出改变，你需要感知这些信号并做出恰当的反应。

如果发动机已经开始冒烟，你却仍旧开足马力，保持全速行驶，这虽然能让你离目的地更近一些，但不久后的结果就是整台车子直接解体。因此，从一开始就要注意在紧张和放松的状态之间切换，张弛有度，给身体和精神充足的时间去再生是非常有意义的。

我在这里指的不是每年度假一两次，身体和精神需要的再生时间远远不止于此。你应该每天在紧张和放松的状态之间切换，这是完全可行的，因为想切换这两种状态只需要间隔很短的时间。当然，可能有些时候你的确需要不间断开足马力，全力以赴，那时放松的时间不得不被大大压缩。要注意的是，这种状态不应该持续太久。每个人都需要在紧张和放松状态之间转换，二者要有规律地结合。如果你现在告诉我你无法这么做，或是有太多的事情要做，那么我想立即反驳你，并告诉你——你需要进行时间管理。

和其他日程安排一样，全力以赴和休息放松的时间也应当在你的日程安排之内。

为了尽可能获得最佳状态，我们需要掌握一些时间管理方法。要时刻记住：你的身心是最重要的，它们无可替代。

"焦虑很快会令人长出皱纹。"

迈克尔·玛丽·容（Michael Marie Jung, 1940）

在日常生活中规划休息时间有助于你遵守日程安排。休息时间和其他重要的日程安排一样被我写在日程表上，我不会轻易推迟或占用这些休息时间。很重要的是，和工作上的日程安排一样，你必须为自己的休息和运动规划时间。如果不这样做，你可能会无限期地推迟自己的休息时间，让自己置身于仓鼠轮子上。

当然，日程表上总会突然多出一些看起来似乎更重要的事情。但无论是每天散步，还是每天在公园里跑步，或是和你的伴侣一起去看电影，抑或和朋友一起打高尔夫球，你应该像对待重要的工作一样，平等地对待这些日程安排。你在日程表上写下的每个日程安排（你自己决定的日程安排）的重要性都相同。谈到打高尔夫球，我想到一个很好的例子。

　　每两个月我就会约一个朋友打高尔夫球。对我来说，这一直是绝佳的机会，它让我放松精神，与整个世界连接。打高尔夫球时的一切都非常放松和自然，其间我没有各种思虑，不是在履行义务，仅是愉快地享受一段时光。打高尔夫球是我日程表上的固定活动，一般定在周五。有一天，有人找我去做一次培训，这次培训只能定在周五，因为客户只有这天有时间。对我而言，这次培训很简单，培训内容我非常熟悉，而且客户强烈要求我去主持培训。但是，很久之前我就和朋友约好要在这天打高尔夫球，我们平时都很忙，找到同一天的空闲时间去打球很不容易。遇到这种情况我该怎么办呢？

　　我决定推掉这次培训，和朋友去打球。这么做确实会给我带来经济上的损失，我不仅损失了这一天的培训费，可能还损失了接下来几天的培训费。但与此同时，我也赢得了一些东西，我赢得了对维持我的身心平衡无比重要的一天时间，这一天可以给我带来巨大的欢乐。直到今时今日，打高尔夫球这项活动都对我保持身心平衡起着重要作用。

休息时间非常宝贵，不能轻易放弃。当然，在某些情形下有必要衡量利弊，但有一点始终没错——休息时间是幸福生活的一部分，应该有意识地安排休息时间，使它真正成为日常生活的一部分。找出阻碍我们花时间进行休整、去喘口气的借口，给自己一些独处的时间，也给自己一些和伴侣、朋友在一起的时间。这些时间不会耽误我们之后开足马力、做出成绩，反而可以为身体补充能量，以便我们在需要时能开足马力。休息时间也使我们的头脑充满创造力和灵活性，以便应对耗费精力的时刻。只要我们有休息的意愿并允许自己休息，休息可以以各种各样的方式实现。这其实不难做到，尤其是当你想到，适当休息可以提高自己的工作效率时。

要为休息安排多长时间完全取决于你自己，每个人的情况不同。在安排时，要考虑自己的身体状况，考虑如何安排能让身体恢复元气，并让自己感到快乐。生活不只有工作，而应该是丰富多彩的。每个人都只有一次生活的机会，生命的长度也是有限的。珍惜生命，尽可能拥有最高的满意度和幸福感。

花点时间思考

· 你有哪些内在和外在的充电站能为自己充电？

· 除此之外，你还想拥有哪些新的充电站？你想给自己的生活带来哪些积极变化？

· 你现在给自己的日常生活安排了哪些休息时间？

· 在未来，你想给自己安排什么样的休整活动？

从现在开始，安排你的放松和休整的时间。

平衡——健康的生活方式

人人都知道运动和健身对身体健康有益。在此，我想分析体育运动被人们低估的另一方面的作用。

体育和个性发展之间的联系

体育运动不仅对身体健康有益，还可以培养学习能力。一些特定的性格特质对我们获得成功、实现自我成长是相当重要的。在我看来，这些特质包括自律、毅力、执行力、责任心和解决问题的能力。我相信，通过体育运动，人们可以培养以上所有特质。这些特质对于培养企业家思维和领导力也很关键。体育运动不仅对身体健康有益，对发展领导型人格也非常有帮助。早在儿童时期就是如此，童年时期的体育运动对日后培养儿童性格特质具有重要影响。通过体育运动，孩子可以积累宝贵的社交经验，认识不同的价值观念。体育运动可以帮助孩子培养自信心，在运动中取得的成就可以让人更自信。来自林茨市的体育研究学者、临床健康心理学家赫尔诺特·绍尔（Gernot Schauer）称，参与排球、足球、篮球、手球等团体活动可以促进社交能力、思维能力、团队精神和同理心的发展。在团体活动中，只关注自身没有任何意义，在这类体育运动中要学会和他人协作，多方考虑，顾全大局。人们在团体活动中学会关注他人的弱点，思考如何运用自己的长处补足他人的弱点。绍尔表示，积极参与团体活动的人，可以免于受到社交孤立。体育一方面可以培养我们的毅力，另一方面还可以让我们以"体育的"方式看待挫折。如果我们经常并正确地接受训练，不仅可以增强身体机能，还可以培养抗压能力和韧性。

以平常心看待成败、培养韧性

历史学家、企业家雷纳·齐特尔曼（Rainer Zitelmann）曾采访 45 位富豪并在他的著作《富豪的心理：财富精英的隐秘知识》（*Psychologie der Superreichen*）一书中总结了采访的结果。他发现，超过半数的接受采访的企业家在青少年时期参加过竞技体育和大众运动，并且达到了较高水准。他们从运动中提前学习到要以平常心看待成败、战胜对手的道理，并由此培养了对自身竞技能力的强大自信心。大多数被采访对象参与的不是团体运动，而是个人运动。这说明他们在体育运动中学到了如何获胜，如何突破自我极限，以及如何赢得胜利。这对个性的整体发展大有裨益。以上这些数据可以激励我们每个人在各自擅长的领域更多地从事体育活动。但需要注意的是，天生就对完美有执念的人应该注意体育运动方面适度和过度追求完美之间的差别。

再谈回体育运动和个性发展之间的联系：德国足球名宿奥利弗·卡恩（Oliver Kahn）在他的书《我——成功由内生》（*Ich. Erfolg kommt von innen*）中对顶尖运动员专门做了大量实验。实验结果很有意义，也十分引人深思。重要的不是紧盯着自己的错误不放，而是以一种开放的心态去尝试哪些方法可以帮助我们战胜困难。要培养自己转换视角的能力，对人、对事采取开放的态度。运动可以帮助我们发挥自己的优势，有针对性地思考解决问题的方法并专注于自己的长处。

找到体育运动正确的度

从根本上来说，我们要明白自己通过体育运动想达到什么目的。是想拥有顶尖的成绩还是单纯为了保持身体健康？超负荷运动带来的影响可能和你的目标恰恰相反，甚至毁掉你的身体。想找到运动的正确尺度，平衡才是不断发展的不二法门。要是你不满足于此，执意要顶尖的成绩，那么身体损耗就是你必定要付出的代价。

我的一位好朋友虽然不是顶级运动员，但他在做一件事时，总要尽 120% 的努力。他每天早上都会跑足足 20 公里，他为自己制订了一套严格的训练计划，全方位阅读并深入研究了与运动相关的资料，知道哪种运动可以更好地帮助他健身。他有着健美的身材，这彰显着他的自律，给人"他很健康"的第一印象。至少我当初的印象是这样的。每当我们碰面，他都会和我谈到他的近况。最近，我时常能听到他抱怨他的关节和肌腱变得越来越脆弱。不久前，他的半月板撕裂了，这迫使他不得不停止锻炼。在这次撕裂伤势基本康复，恢复正常行走后不久，他再次受到重伤，这一次是跟腱断裂。现在，你可能已经猜到，他锻炼的方式可能有问题。在运动前，他可能没有充分热身，或者他在运动之余没有给自己安排休息时间。请不要误解我的意思，我不是想说参加体育运动不好，会带来伤病等，我的本意恰恰相反。我认为体育运动对保持身体健康、精力充沛很重要。我只是想提醒大家，对完美的追求可能会导致我们过度运动，其效果可能与我们预想的截然不同。过度运动并不能使身体更健康，但长期保持健康却是我们每个人的追求和目标。

极致的完美主义有助于拥有非凡的成就，在顶级运动赛事中，不断追求完美就是竞技体育的魅力所在，人们也为此付出了很多的心血和努力。这种在顶尖运动员身上时常能感受到的对完美的执念不断积累，常常会给他们带来愤怒、失望和沮丧。这些顶尖运动员很难认可已有的成绩，他们常常会陷入完美主义的旋涡，很少为已取得的成绩感到欣喜，更关注未取得的成绩。他们给自己设定的目标有时高不可攀，这造成他们全心投入甚至近乎成瘾地训练。我在此需要明确一点：对顶级运动员来说，追求完美本身不是坏事，只要其能够在未达成目标时控制负面情绪，并且认可自己取得的成绩。而对普通人来说，在运动场上追求完美可能造成两个负面影响：一是无法开始运动，因为你总以一切都没准备好为借口；二是过度运动，而此时，平衡恰恰是通往幸福和满意的钥匙。

当我们将运动的目标设定为强身健体、振奋精神时，基本可以找到正确的尺度。要通过尝试发现哪种运动最有趣，能给我们带来愉悦感。如果每次运动时都要咬牙逼迫自己，那运动就失去意义了。我们需要做自己热爱的运动，这样我们的内在驱动力会促使我们按时运动。切记，不要苛求完美（当然，如果想成为顶尖运动员，那这句话就不适合你了）。

　　你要做的是设定可达成的目标，一点一滴地提高自己的水平。

　　请一定注意，当你运动时，身体会分泌出一种可以使你产生幸福感的物质——多巴胺。多巴胺的作用是让你能感受积极的情绪，你会想要一再重复这种幸福的体验。其中也蕴含一定的风险，因为你可能会对运动上瘾。如果你已经健身很久，相信你可能很清楚我指的是何种现象。举个例子，如果你长期坚持每天都在某个固定时间段跑步，却突然被强制要求休息一周，你马上会感觉生活好像缺少了些什么。要注意，不要掉入完美主义的陷阱。

饮食建议

　　当我阅读有关健康饮食的研究和报告时，我发现科学家对此的意见并不统一。之前还被倾情推荐的饮食方式，过几天可能就被证明对健康有害了。现在市面上存在各种受人推荐的饮食方式，到底哪种饮食方式是正确的？我推测，对于这个话题，我们不是思考得太多就是太少。要么就是干脆不讲究饮食，为身体造成很多不必要的负担；要么就是掉进了过度追求完美的陷阱，每吃一口饭都要仔细琢磨：现在吃的这个东西对我的身体健康有益吗？和我一直信奉的饮食理念相悖吗？

神经性厌食症：过于追求完美饮食导致的疾病

　　如今，人们对"健康饮食理念"的关注度越来越高。神经性厌

食症 [1] 是一种由过度追求极端完美的饮食方式而导致的疾病（尽管这种疾病没有公认的临床症状），会给患者带来无尽的痛苦。此外，这种过度追求完美的饮食方式的行为通常伴随着饮食结构单一以及对营养加强剂等的过度使用。严苛地遵循这种一度被认为或描述为"健康"饮食法则的思想充斥于这些人的脑海，严重影响他们的生活，导致他们最终患上疾病。

上文的表述似乎冒犯了一些人。我想要澄清一下：我敬佩那些为自己设定独特目标并始终自律的人，我也尊重任何饮食方式。每个人都有权选择自己的饮食方式并严格执行。但需要注意的是，我们要分辨我们所做的决定是不是单纯为了保持健康？答案很可能是否定的。我们可能只是觉得必须遵循严苛的要求。我们可以思考一下，是否可以允许自己有一两次例外？我们必须百分之百地照着自己的计划行事吗？当然，我不是要怂恿你彻底偏离自己选择的道路，而是建议你在日常生活中赋予自己适度灵活行事的权力，学会放轻松一点。

德国营养学会（Deutsche Gesellschaft für Ernährung，DGE）推荐以下饮食方式：

1. 丰富食品种类；

2. 多吃谷物和土豆；

3. 每天吃至少五种蔬菜和水果；

4. 每周吃一两次鱼；

---

[1] 患者自己有意造成体重明显下降，甚至下降至正常生理标准以下，并极力维持该状态的一种心理生理障碍。——编者注

5. 少吃肉类和香肠；

6. 少摄入油脂；

7. 适量摄入盐和糖。

如果我们能牢记以上七条准则并始终严格执行，那么可能会比一直追求所谓完美的饮食方式得到更好的结果。过度节食或完全放弃饮食控制都会带来令人厌烦的反弹，也就是在节食减肥成功后体重又快速上升。我们可以通过咨询专业人士来找到适合自己的饮食方式。对大多数人来说，能够遵循德国营养学会推荐的这几条准则，已经是迈向健康饮食的一大步。

我当然不是专业的营养学家，但我是一名研究完美主义的学者，因此我可以向大家指出在饮食方面过度追求完美会导致怎样的后果。我想让大家对这个话题更敏感，有意识地找到自己的弱点，重新思考自己的饮食方式是否合适并能对症下药。

第 4 章的思想火花

· 过度追求完美让人的身心常常处于压力之下。

· 对完美的执念会阻碍我们行动。

· 定时休息、找到内在的平静、和自我对话、让自己放松下来，这些对于我们个人的可持续发展是很重要的。

· 参与体育运动可以帮助我们强身健体。在运动过程中，我们能体验到幸福的感觉。

· 平衡且多样化的饮食方式可以帮助我们避免在饮食方面走向极端。

· 勇于直面缺憾的态度使我们拥有健康又平衡的生活方式。

勇于直面缺憾，
充实内在

一些人认为，自己只有变得有钱了，生活才称得上完美。这里的"有钱"是指可以畅游在钞票的海洋中"洗澡"。这样的场景简直太令人羡慕了。我敢打赌，90% 的读者赞同我上面的这段描述。你是这样的吗？如果不是，那你属于少数的 10%，属于那些不把幸福和金钱画等号的人。我认为相当一部分人眼中的幸福都和一定程度的经济基础挂钩。让我们在本章一起探究幸福和物质财富之间的联系。如果我们变得更有钱，我们的生活真的会更幸福吗？

外在的财富只会创造外在的幸福感

一些人在生活中总围着金钱打转，认为如果自己拥有更多财富，能生活得更满意、更幸福。从根本上来说，这种想法无可厚非。有钱的确可以让人更安心，而且可以解决很多没钱就解决不了的问题。对金钱和随之而来的对幸福感的渴望促使我们更加努力。想赚更多钱、拥有更多财富的想法本身无可指摘。一些人追求的不仅是财富，还有财富带来的自由和舒适感。想买什么就买什么，想干什么就干什么，完全不依赖他人——这对很多人来说都是值得追求的目标。这些都是拥有财富的好处。从罗伯特·科赫研究所（Robert Koch Instituts）的 DEGS（对德国成年人健康状况的监测和研究）等研究中可以看出，富有的德国人似乎更少生病。为了进行这项研究，该机构从 2008 年起就在德国境内收集成年人的健康数据。结果显示，随着财富的增加，身体健康的人的占比也在增加。但是通常情况下，金钱不是导致这个现象的根本原因，根本原因在于不同的人有不同的生活方式。与贫穷的人相比，富有的人更注重身体健康，他们更少吸烟，也更少喝酒，饮食更健康，并且做的运动也更多。

对富有的人来说，不是金钱带来了健康，而是他们对生活和自身行为方式的规划带来了健康。通常情况下，收入高的人群比收入低的人群担忧的事情更少，而穷人更有可能在亲密关系中产生消极情绪，也更容易感到孤独，更易生病。除此之外，社会环境也可能会使穷人的境遇雪上加霜。穷人更容易抱怨前途惨淡的就业市场和低得可怜的工资。他们不会有针对性地分析解决问题的方法，而是不停地抱怨表面上的问题。结果就是：这些人相互影响，陷入消极情绪的旋涡，不停倒退。他们的内在动力受到了打击，这让走出这种境况变得愈发困难。

在德国，每年有 700 万人买彩票，他们买彩票的初衷可能是觉得，如果中了彩票，自己会变得更幸福，因为自己终于能过上完美的生活了。钱在每个人的生活中都很重要，尽管数据表明，在家庭月收入达到 5000 欧元后，收入对幸福感的影响就没那么明显了。这个数据由心理学家、诺贝尔奖获得者丹尼尔·卡尼曼（Daniel Kahneman）研究得出。依照这个研究，当拥有的财富达到一定水平时，我们的幸福感就不再随着财富的增加而增加，但我们对生活的满意度会随着财富的增加而增加。财富达到一定水平后，物质财富在影响个人幸福感方面的占比越来越小。雷纳·齐特尔曼在他的著作《富人的逻辑》（*Reich werden und bleiben*）一书中也写道，人们的收入达到一定水平后，其幸福感就不会再随着收入的提高而提升，他还列出了很多参考文献和相关研究。这也就表明，到那时，拥有更多的财富并不会提升人们的幸福感，但会提升其内在满意度。

维维安·蒂姆勒（Vivian Timmler）就此写道："全世界的科学家和经济学家都同意，仅仅是金钱并不能使人感到满意，至少当人们已经拥有一笔财富时，情况是这样的。"两位诺贝尔经济学奖得主丹尼尔·卡尼曼和安格斯·迪顿（Angus Deaton）给出年收入 7.5 万美元，即 6.4 万欧元这一数值。在年收入达到这个数值前，钱可以给人带来幸福感；到达这个数值后，超出的部分对于一个人对生活的满意度并无明显影响，因为这个人此时有了稳定的经济基础，收入增加并不会让其生活方式发生太明显的改变。

不来梅市雅各布大学的希尔克·布罗克曼（Hilke Brockmann）对这个结果的表述则更谨慎。这位社会学家想要回答"到底是什么让人们感到幸福"这个问题。在 2020 年的第 5 期《明镜》（Der Spiegel）周刊中，她指出："对幸福感的研究结果表明，钱不是使人幸福的万金油。"但她同时也表明："多少钱是幸福感的上限，是每年 6.5 万欧元还是 10 万欧元，这很难断言。"和许多研究者一样，她认为这主要和一个人的生活环境，以及其与他人在比较中产生的感觉有关。因为使人不快乐的，往往是没有被公平对待的感觉。

对我而言，这意味着：

> 钱在我们的生活中扮演重要的角色，但并不是影响幸福感的唯一因素。对金钱和物质财富的追求很容易让我们长期感到不满、郁郁寡欢。

内在满足才能内心富足

　　追求更多的收入是一件积极的事，可以推动我们不断前进、自我成长。这种追求也可以帮助我们感受幸福，或者至少是满足。幸福学研究区分了这两个概念："幸福是一种转瞬即逝的兴高采烈的状态。而我们在生活中感受的满足，则是一种更持久的幸福的感觉。"如果我们能持续感受到满足，并仍努力追求更多，给自己设定其他更高的目标来推动自我前进、帮助自我发展，那么我们就为真正享受生活打下了良好的基础。关于这个话题，我的"公式"如下。

　　追求满足并实现满足，之后一直追求更多的满足，通过这种方式，我们会和幸福感不期而遇。但我们也应该看到，幸福感并不会持续很久，因为随着时间的推移，幸福感会慢慢消退，而幸福本身会变成一种"新常态"。当你实现了更好的目标时，那种幸福时刻会再次降临。

　　但是，如果我们因为一直渴望更高的收入而对现状心存不满，忘记享受当下转瞬即逝的幸福时刻，情况就会截然相反：我们会感到不满足，这种感觉对我们毫无促进作用，只会阻碍我们的发展，让我们无法享受当下。有时候，生活中一件看起来微不足道的小事能带来真真切切的幸福。以我的经历为例：我现在正坐在阳光下写作，打算重新润色第 7 章的内容，这对我来说是难得的幸福时刻。现在谈到第 7 章的内容可能有点早，但是这个例子和我们正在谈论的话题正好契合。我在这一章写下的第一句话是："我现在正坐在阳光下写作。"当我回头再读自己半年前写下的这句话时，巨大的幸福感会萦绕于心。我很难用言语描述当时的那种感觉，那是一种可遇而不可求的状态。我很庆幸自己直到现在都做着同样的事情，也就是在温暖宜人的阳光下写作。只有身临其境，才能感受到那种感觉。我也是随着自己的一天天成长，慢慢地体验人生，才总结出这样的心得：正是生命中的一件件小事带给我们满足感，甚至是强烈的幸福感。

在我 21 岁那年，我学会了通过制订一个个小目标，规划自己的人生。在那一年，我明白了目标对我的成长和发展多么重要。通过不断实现一个个目标，我的自我价值感和自信心不断攀升。就像当年一样，在 30 年后的今天，我仍然不断追求实现新的目标。但是有一点发生了显著变化：在我年轻时，我无法对现状感到满意，我只想不断追求更多，无法欣赏自己已有的成就。尽管我完成了一个个小目标，也能短暂地感受到幸福，但是一种不满足的感觉总是使我心神不宁。我那时不是真正的幸福，我对生活的体验感不佳。许多年后我才明白，我对完美的追求，我对长期幸福的追求，其实阻碍了我获得来自内心深层的幸福感，我无法对自己获得幸福感表示肯定与支持。

很多人需要在人生发展的旅途中慢慢领悟转瞬即逝的幸福感和长期持续的满足感之间的区别，有时，领悟二者之间的区别甚至需要经历一番波折。

过去，我总觉得自己不够好，我所做的事永远无法达到我的预期。而现在，虽然我对自己的要求仍然很高，还是想要在我涉猎的各个方面做到最好，但是我能够欣赏自己的成长，对自己已完成的计划感到满意。我不再追求一直保持精神亢奋，一直兴高采烈，因为我知道，在那之后我可能会坠入不满足的深渊。

现在的我和过去的我的不同之处在于，我能欣赏自己已经达成的目标，就算未达成某个目标，我也能让自己感觉良好。接受现状和对现状感到满意并没有打消我不断追求自我成长的念头。恰恰是这种满意与进取的结合，使我的生活变得更加有意义。

"我们不需事事做到完美，也不需总是感到幸福"，这种想法可以让我们在迈向下一个发展目标时，关注当下，对已有的成就感到满意，实现真正的内心满足。这是一种发自内心的深层次的满足感，可称之为"内心富足"。

找寻真正的使命

我个人认为，很多时候社会生活中的事物优先级是值得重新考虑的。一些人总追求外在的财富，因而忽视了对内在满足感的找寻。人们对身份地位的追求有时超过了对个人精神价值的追求，在校园和职场中也有这种现象。据我观察，在校园和职场中，人们过于重视遵循规则和标准，而真正重要的，即人们是否真正热爱一件事，是否能感受到一份职业对自己内在的召唤，却显得不那么重要。可惜的是，在职场上人们更强调表面上的能力，在学校里则主要培养学生们的认知能力。其实我们迫切需要转换思维，后面我会详细阐述这个话题。

> "一张空桌子只有一个错误，而摆满东西的桌子会有千百个错误。"

> ——波斯名言

追寻内在的使命

让我们思考一个问题，学历高低是否与日后的贫富程度有关。依照我个人的观察，通常处在领导岗位的是受教育程度较高的人，但是在私企中这个现象没有那么明显。比起受教育程度，推动人们取得成功的更重要的因素往往是个人性格与品质，其中也包括终身学习能力。我推测，我们有一大部分知识并非从学校习得，许多对解决问题至关重要的知识需要我们在特定情境中习得。

我必须承认，在我还是学生的时候，我没有多么热爱学习，我更愿意去做点别的事。直到我 21 岁开始完全自力更生，我才意识到自主学习的重要性。我很快就明白，持续学习的能力对个人在职场上的发展起决定性作用。就我个人的经验来看，对个人而言，智力对于成功及财富积累只起次要作用。

更重要的是对世界保持好奇心，秉持一种开放的态度，推动自己自主发现世界、学习知识。有很大一部分知识来自现实经验，这种自己去尝试、去发现的态度不一定能被所有人理解。我认识的许多成功人士在年轻时与父母、老师和领导相处得都不融洽。我的父母就可以证明这一点，小时候我不属于好学生，我经常违反纪律，想要走自己认定的哪怕是崎岖的小路，去发现更多的可能性，满足自己的愿望。我想，正是这种反叛精神让我在接下来的人生中，每当遇到艰难险阻，都能有坚持下去的力量。

心理学家罗伯特·J. 施塔恩伯格（Robert J. Starnberg）于 1999 年在一项研究实用智能的项目中采访了许多经理。他的研究假设为，在生活中过度运用分析能力的人比那些仅在必要时才运用的人的做事效率要低。通过研究，他发现经济学系的优秀毕业生虽然有能力按照教科书的指引去分析经济学问题，却无法为新产品提出有创新性的意见，也无法开拓新的业务和服务。

在我和我的员工打交道的过程中，我也观察到了这一现象。在很多时候，理论知识和现实应用之间有很大的差距。

　　我的儿子想成为一名医生。在我写下这段文字的时候，他正在准备他的高中毕业考试。为了能实现他自己的职业理想，他参与并完成了很多相关的社会实践。在寒暑假，他常常会在诊所或医院工作好几周。我们常常去罗马尼亚，因此他也有机会在罗马尼亚的医院实习，甚至全程参与几台手术。他旁观了几次剖腹产手术、足部截肢手术和其他或大或小的手术，有时也能上手术台帮帮忙。他如饥似渴地学习，读了不少相关书籍，现在积累了很多医学知识。

他深爱医生这个职业，我也发自内心相信，他能成为富有人性关怀精神且医术精湛的医生。每当有人和他谈到当医生这个话题，每个人都能明显地感受到他整个人的状态变化。但是有个问题，医学系的入学名额有限制。他是否能得到一个医学系的入学名额，基本上只和成绩有关。他的成绩虽然不差，但是平均成绩还是达不到 1.0~1.1。他非常热爱医学，有许多实操经验，想要帮助病人，并且有强烈的学习意愿。但是不够出色的平均成绩很可能会阻碍他在最近一两年内得到医学系的入学名额。在德国的考试体系里，理论知识常常是一切的中心，而不是实践知识。在自我介绍的时候，人们常常会列举一大堆证书，而不是介绍自己这个人。可如果一个人的成绩是最好的，但是并不适合当医生，也不热爱这份职业，那又有什么用呢？

许多成功人士都有一个共同点：他们自己决定要进入哪个行业工作。他们很清楚自己要做什么，想实现哪些目标。

成功人士努力识别他们真正的使命，之后他们通常能做出非凡的成绩，因为他们能够从事自己真正热爱并且想要从事的工作。这种方法很容易促使他们拥有经济和物质方面的成功。

出于这个原因，我认为学术方面的成功和物质财富的积累之间的关系是很清晰明了的。重要的是，你要认识到自己真正的内在使命追求。

花点时间思考

请思考以下问题。

· 你怎样总结自己的使命？

· 当你想到明天时，什么让你最高兴？这和你的内在使命有什么关系吗？

· 你现在从事的工作和你的内在使命有关系吗？

· 你现在的工作让你感到疲惫和劳累吗？你认为你现在从事的是有意义、有乐趣的工作吗？

· 你现在主要从事的事情有何意义？（不一定要与你的职业有关。）

请尝试去听从内在使命的召唤！

我的中奖故事和内在使命的召唤

让我们再次回到很多人都很感兴趣的中彩票的故事。人们通常认为，中彩票后就能过上完美的生活。据我观察，大部分中了彩票的幸运儿在几年后的经济状况可能比中彩票前还差。许多中了彩票的人不具备增长财富或使之保值的认知。他们根本没学过这类知识，突然之间拥有一大笔财富会使他们忽略理智和逻辑判断。因此，天降意外之财的美梦在现实中慢慢发展成了一场噩梦。

我敢断言，我现在就在追求自己真正的内在使命，不管是在个人生活方面还是职业生活方面，都是如此。尽管我还是会想象，要是几年前我中了彩票，就不需要辛辛苦苦地工作，赚取人生的第一桶金，更不需要去做任何事，一夜之间账户上突然多出上百万欧元，我的生活会怎样。这是个美好的愿望，不是吗？实现财富自由，想做什么就做什么，不需要为钱发愁。如果我中彩票了，我会变成一个与现在完全不同的人吗？我会比现在更开心或更幸福吗？更关键的问题是：中彩票会帮助我找到自己的内在使命吗？或者我会和大多数中彩票者有同样的下场，在变有钱后的两三年内就把钱挥霍一空，然后变得穷困潦倒？当然，我现在无法回答这些问题，但是我可以去想象，我中彩票后所谓的幸福生活会是怎样的。

　　要是我之前中了彩票，就像大多数人都会去做的一样，我首先会为自己买一个气派的大房子，再买一辆豪车。我的座右铭可能会变成"不要抠搜，大方花钱"。可能我会买很多新衣服，一块高级手表，并且资助我喜欢的人。这些事情都会让我自我感觉良好。之后我会去旅行，去开阔眼界。我可能会去做那些可以给我带来巨大欢乐的事情。坦白说，我很可能会犯大多数人都会犯的错，大手大脚地花钱，把钱挥霍一空。原因也很简单：如果我本来不富有，突然之间拥有了很多钱，我根本没有心思去学习如何妥善使用这些钱。我会认为自己仅因为突然变得富有，就成了世界的中心。但事实显然不是这样的，因为我的个性和品质都没有随着财富的增长而成长。钱并不能解决我的问题。我的自卑情结和自我价值感的缺失并不会因为一夜暴富而消失，我可能会尝试用金钱解决这个问题，但是这样做只可能在短期内奏效。

当然，如果真的一夜暴富，我的行为举止必然会发生变化，会做一些我从来没有做过的事情。但是这很可能和自我发展与成长无关。恰恰相反，保持踏实稳重、不自高自大的态度，对一夜暴富者来说是个巨大的挑战。我或许能度过几年轻松潇洒的时光，之后呢？看起来有趣的旅行总有一天会变得无聊。但是我需要面对的那些可以让自身成长的挑战可能永远不会被战胜。我可能永远不会追问自己，我的内在使命到底是什么，或者我可能会在更久的将来才能有这样的觉悟。

只有自己亲身体验一些新鲜事物，面对挑战，做出自己的决定，才能实现自我发展和成长。我很确信，中彩票和过早实现财富自由，也就是拥有外在财富，很可能会阻止我找寻内在使命。更准确地说：

　　轻易得到的外在财富很可能会阻碍我获得内在的满足感和内在的富足。

我很可能不像今天这么自洽。我中彩票后会发生一系列事情，我是否能像今天这样接纳自己？我是否能战胜自卑，实现自我价值？对于这些，我持怀疑态度。因为我们不会通过中彩票拥有幸福人生，我们不能对自己的人生袖手旁观，而是要不断体验，积累经验。当然，这其中也包括经历挫折。正是挫折和那些不那么欢乐的时刻，使我成长为今天的我。过早地拥有财富可能会让我错过这些成长。生活不断打磨着我，随着时间流逝，我现在成了一颗闪闪发光的钻石。想从原石变成璀璨夺目的钻石，必须承受一些压力，如果仅是轻柔地拂过原石表面，就不会显现出钻石的美丽光泽。

同理，只有经受足够的压力和挫折，我们才能真正成长；只有不断积累经验，我们才能更加成熟，对生活感到满意。我确信，如果我中了彩票，我肯定无法体验像现在这样丰富的人生，拥有这么多的人生经验。当然，我会有别的体验，但是这些体验会让我成为我今天的样子吗？

你可能想说："这位德德里希斯先生真是信口开河。"可能眼下你的境况不太好，你看问题的方式和我不一样。你可能会想："要是我现在能有 100 万欧元，我就能摆脱困难和忧虑了。"如果你这么想，你在一些方面确实可能是对的，有钱确实可以解决一些物质方面的烦恼，但它并不能让你过上理想中的幸福人生。对这个话题进行深思熟虑后你就会发现，内在富足和满足感是我们拥有幸福人生的必需品。

第 5 章的思想火花

· 对金钱和大量财富的追求很容易使人长期不满、郁郁寡欢。

· 但是，追求更多财富这件事本身无可厚非，它促使我们做出成绩。

· 外在的财富只能带来表面的幸福，只有内在的满足感才能使一个人拥有内在富足。

· 由内而生的深层次的满足感可以被描述为"内在富足"。

· 关键是发现你的内在使命并且听从使命的召唤。

· 中彩票和没有为之奋斗就得到的财富自由在绝大多数情况下不能让人产生满足感，也不会给人带来幸福人生。

勇于直面缺憾，
成就事业

我猜，我的读者中有很大一部分人饱受职场上的完美主义的折磨。很多人对自己在职场上表现完美有很高的期待，却不知道如何将这种期待转化为促进自己奋发图强的动力。

今天能得到的，不要推迟到明天

你是怎么做的呢？在工作方面，你有没有一拖再拖？你是否有很多想做的事情，却因这样那样的原因没有付诸行动？如果你想着手去做一件事，那就去做，如果你不去做，别人就会抢占先机。我的奶奶有一句至理名言："今天能得到的，不要推迟到明天。"我觉得在我还是个孩子时，这句话我至少听了一千次，它在很大程度上帮助了我。每当我有想法去干什么事，我总是会想起这句话，并且会毫不犹豫地落实这句话。后来，我听到了"72小时定律"：如果你下定决心要做什么事，而72小时内没去做，那么你会去做这件事的概率就无限趋近于零了。

令我惊讶的是，我的奶奶在我还是小孩子时就用她自己的语言表达过相同的观点。要是想做某件事，现在就去做，不要找借口，不要说现在不是正确的时间，现在做成这件事的可能性很低。不去做某件事的理由一直都会存在。不管你等待多久，都不会等到完美的时机。

为了促使自己不断发展，与时俱进，我会定期参加一些培训和课程。有一次，在某个周五，我去参加我的一位同事的课程。那堂课讲得很好，内容非常丰富，形式生动活泼，成功激发了我的兴趣。在接下来那一周的周一，我决定要写本书。要知道，在上那堂课前，我从未想过要在今年出版一本新书，这已经是我出版的第九本书了。我手头上有很多事情要做，因而没有想过投入时间、精力和创意再去写书。毕竟写一本书的工作量很大。但是在那堂课上，我得到了灵感，找到了我下一本书的主题。很多时候就是某个瞬间的小灵感，促使你去开发一些新的领域。可能我们根本没有预料到这些瞬间，但必须把握住它们，开始做事。我们可以把这些灵感称为命运的暗示。你需要识别这些暗示，对新的事物和新的看法保持一种开放的态度。在那个周末，我深刻思考了这个话题，第一次查找有关资料并且开展调查研究，了解在完美主义这个领域已经有哪些出版物。我给我的朋友们打了电话，询问他们对这个主题的看法。最后，我给我的事务所打了电话，与那里的工作人员确认，如果我出版这本书，他们是否持支持态度。在周一，一切准备就绪，我得以做出这个决定："这件事看起来可行，我要做！"

理智地做准备，对每一点内容进行深思熟虑，对相关知识点进行必要检索，之后就听从自己的直觉，放手去做。永远不会有十全十美的完美节点，在开始做事的时候，没人能确保一定会成功。放手去做吧！

犹豫太长时间和过于深思熟虑会造成不必要的能量消耗，长此以往，我们永远不可能成事。也正因如此，大多数人都碌碌无为。他们始终不能下定决心去做事，穷极一生都在等一个"完美"的时机。他们的借口无非是还没有做好万全的准备，没有做好详尽的规划（当我写到这里的时候，我想到了我身边的朋友约尔格，想到了他打高尔夫球的故事）。他们还没有想好从开始到最后的全部细节，总能找到一些借口。如果凡事都等万事俱备，可能永远不会开始。因此，要找到一种合适的方法。在开始做事后产生的执行力可以帮助我们做出正确的决定。我们可以在行动的过程中不断做出调整，更好地完成目标。我曾无数次在做完演讲和报告后听到观众说，他们早就想写一本书了。我对此的反应总是："如果你有一些想要表达的观点、有一段故事、一个合适的主题，那么从现在就开始动笔，先写下前几行，大多数情况下，这并不困难。你只需要迈出第一步。"

问一下你自己：在职业方面，有哪些你一直想做却从未付诸行动的事？

直面缺憾的勇气在这一点上意味着信任自己，马上开始往往比囿于完美要好。

就我个人的写书计划来说，在写书的同时，我的脑海中会不断涌现各种内容。当然，我需要一个好的内容架构，在我写下前几页后，我就为自己的书定好了写作框架，也明确了写作的基本方向。

在此过程中，我需要考虑如何更好地进行市场营销。好的标题可以作为我写作过程中的"启明星"，不断激励我的创作。但是，我不需要过于计较副标题和正文中的每个用词。我了解到，很多潜在的作家就是败在了这一点上：在联系出版社前，他们就开始打磨"完美"草稿中的每个用词、每个标点符号，有的人甚至在这方面耗费了几年之久。他们迷失在对完美的追求里，对草稿"还不够好"和没有"完美"表述每个想法的恐惧充斥在他们的脑海中。

最后的结果是，这些草稿被尘封，永远不会被出版，躺在书桌的抽屉里或永远不会被拷贝到除硬盘之外的任何地方。在做出写书的决定后，我才慢慢计划书中的各个细节。当然，我不是鼓励你盲目地做出决定。好的准备是理智的、符合常理的，但是不要太早陷入对细节的打磨。否则你只会聚焦于细节，这又给了你很多不开始行动的理由。

开始吧——敢于改变职业

当今社会几乎每个人都必须考虑的问题是，世界上存在完美的工作吗？每一份工作都有可以给人带来喜悦的一面，当然也有与之相对的另一面。世界上没有永远完美的工作，最起码我到现在还没有发现这样一份工作。我们的生活充满了矛盾，光明和黑暗、潮湿和干燥、温暖和寒冷、欢乐和悲伤，没有什么是可以独自存在的。工作也是这样，并没有什么不同：工作中有一些我们喜欢做的事情，也有一些我们不想完成的任务。重要的是我们喜欢的事情应该占大多数。工作的重点应该落在能够给我们带来欢乐的领域，而不是需要我们逼迫自己才能完成做的领域。

许多人梦想着找到完美的工作，却忘记了他们可能正在做着完美的工作。他们现在的工作很可能已经无限接近完美。很明显，我们对完美工作的定义取决于我们看待事物的方式。我们看待事物的方式在这方面起决定性作用。如果我们对一切感到不满，抱怨每个任务，咒骂每个同事，那么我们在职场上当然不会享受到任何乐趣。

在某次研讨会上，我给参与者展示了一张白纸，我只在白纸正中央画了一个点，其余的部分都是空白的，之后我会问参与者他们看到了什么。结果 95% 的人都会说"一个黑点"而不是"一张白纸"。尽管这张白纸上的绝大部分都是白色的，只有一小部分被黑点覆盖，但是人们关注的只有这一小部分。生活中有时也是这样：我们通常只能看见黑色的、灰暗的部分，而不是纯白的、美丽的部分；只关注少数的、不令人愉快的时刻，而不是那些给我们带来无限欢乐的瞬间。在职场中也是如此，我们回顾自己的工作时，通常只关注那些我们不愿意完成的任务。回顾一下，当你和朋友碰面聊天时，谈到工作，你是只会抱怨你和领导、同事在工作过程中产生的矛盾，还是会讲述一些让自己感到愉悦的时刻？你下班回家后向家人首先讲述的是哪种感受？

　　训练自己关注的焦点：有意识地关注工作中好的方面，这样不管你碰到什么任务，都更容易乐在其中。

当然，你可以觉得现在从事的工作无法让你实现自我价值，大多数任务无法给你带来乐趣，你为自己从事的工作感到不幸。尽管如此，只要你需要去工作，还是应尽可能尝试怀着热情投入现在的工作，与此同时看看有没有更适合你的工作。如果你满怀热情地工作，总有能感受到快乐的瞬间。在换工作后，你需要清醒地认识到，就算是这份新工作，也包含你不太喜欢的工作内容，你必须积极地完成这些工作。如童话般完美的工作是不存在的。当你怀着积极的心态投入工作，努力从中寻找乐趣时，你可以让自己的工作无限接近于完美。对"工作是否完美"的判断取决于你的想法和你的塑造。

我热爱驾驶摩托车这件事，我爱我的摩托车。对于我和我身边的人来说，一辆锃光瓦亮的摩托车能带给我们非常愉悦的视觉体验。对于我这种非常喜爱镀铬金属色的人来说更是如此。但我必须承认，我不是个爱洗车、擦车的人。我不想把摩托车送到洗车行去洗，也不想雇人帮我洗车，因为都太贵了。因此，对我来说，除了自己动手洗车，没有别的选择。除非我换个不需要经常擦洗的车型，买"夜行者"（Black Line）那款摩托或其他类似的车型，但是我不想更换，而且车身表面要有充足的镀铬。因此，我必须完成这个我不喜欢的任务。如果我在擦车、洗车方面追求完美，我可能擦洗一次要花费半天。我定期洗车，但是在此过程中我遵循第 1 章里提到的"95%"法则，我知道没人会去看摩托车的角落，因此我不会去擦那些部分，这样可以为我省下足足一小时的时间。看吧，就算是有关我梦寐以求的摩托车这件事上，也存在一些小小的阻力和不快。

这和你的工作有什么关系呢？如果你想要换工作或成为自由职业者，请仔细考虑这样做的后果，思考自由职业和你所设想的是否一样。请注意，不要抱着完美主义的想法思考，而是要深入地探究，之后再做出决定。

做出改变需要很大的勇气。放弃原有的东西，开始崭新的事业需要极强的决断力和执行力。这对任何人来说都是很大的挑战。如果你犯了一些不可弥补的错误，就要承担事业失败的风险。但你不可能完全消除不确定性，缺憾总会存在，也正是这样，个人才有成长的空间。如果你一直等待完美的时机，那你将陷入漫长的等待，因为完美的时机几乎不会出现。记住，即使你身边的人都觉得你不会成功，也不意味着你一定不会成功。

你需要有相信自己直觉的勇气。除了你自己，没有人能够替你做出决定，告诉你应不应该做某事。雷纳·齐特尔曼在他的著作《为自己设定大目标》（Setze dir größere Ziele）一书中写道：想要取得成功的人必须有对抗风暴的勇气。在很多情况下，你必须做出你身边的人都不同意的决定。很多人都以安全为首，害怕失败，因此不想做出改变。当你向身边人询问意见时，只有少数人能够从中看到机会和可能。齐特尔曼对此有个简单的解释，他认为每个想做出的改变都会经历四个阶段：首先是被忽视，其次是被嘲笑，再次是被反对，最后才会被接受、被视为理所当然。我个人的经验也与这一说法吻合：你必须自己做决定，但很明确的一点是，不管你想成为一名自由职业者还是发展自己的事业，或者涉足新的领域，抑或践行新的想法，完美都是不存在的。你的计划乍看起来越伟大，越偏离正轨，这四个阶段就会表现得越明显。

不要等别人告诉你哪条道路是完美的，哪个想法是完美的，相信自己，鼓足勇气，就算不完美，也要勇敢迈出第一步。

犯错——能力的体现

直到现在，30多年来，我都是自由职业者，也是个体户。我创建过多家公司，做过很多项目，基本上只做内心真正认可的事情。我总对自己说："斯特凡，去做吧！"可惜并非我做的每件事都取得了成功，有的努力付诸东流，但原因常常是我太早放弃了。若我能多坚持一会儿，那么那些项目说不定就做成了。总体来说，还是做成的事情更多，这仅是因为我做出了正确的决定并将计划付诸行动。如果我为了准备得再充分一点、再完美一点而不断推迟计划，那么我后来取得成功的那些项目可能早已夭折，甚至根本不会启动。每个人都清楚，我们投入心血的每件事并非都能成功，我们做的所有决定也并非都是正确的，我们可以从过去做出的错误决定中学习。我们选择的、后来被证明是错误的道路无法通往目的地，但我们从失败中吸取了经验。

如果没有偶尔出现的失败，我们不会成长，也无法发展，因为我们需要也必须学会从挫折和失败中学习。

当然，许多人都希望在关键时刻不要出现任何阻碍。但是回顾过去，那些阻碍反而成为成功的保障。因为在战胜困难的过程中，我们发展出了走好下一步的精神和力量，变得更强。犯错并不可怕，真正的强者允许自己犯错，我们要有勇气犯错。做出决定、迈出第一步存在犯错的风险，只有那些什么事情都不做的人才可能避免犯错。如果你真心想要做某事，那么就勇敢去做吧。尝试一下，你有什么可失去的呢？就算你感觉当下开始可能不是最理想的时机，也不妨先放手去做，其他问题都会一个个慢慢解决。

花点时间思考

· 事后你是怎么评价那些阻碍你的事情的？

· 在通往事业成功的道路上，错误何时能起到不可或缺的铺路石的作用？

· 在你的职业生涯中，是否出现过必须战胜阻碍才能解决问题的情形？

完美主义是公司的阻碍

在职场中，过于追求完美的执念很可能会让你吃大亏。德累斯顿①的心理学家伊洛娜·比格尔（Ilona Bürgel）对此表示："完美主义让设定不可达到的标准成了常态。"在许多公司里面，"更高、更快、更远"成了企业文化，人们不会时不时停下来反问一下为什么要把自己逼那么紧，放松一点效果会不会更好。比格尔列举了两位来自芝加哥的创业者贾森·弗里德（Jason Fried）和戴维·海涅迈尔·汉松（David Heinemeier Hansson）的例子。他们选择了和多数公司完全不同的道路：不实行每周工作 80 小时的制度。他们的公司奉行"放弃完美"的准则，因为他们认为这样对公司的发展更有利。伊洛娜·比格尔指出，每个人都应该给自己机会，在工作时打破完美的思维范式，不要逼迫自己追求"更高、更快、更远"。每个人都应该为自我考虑，对自己的健康和舒适负责。

当然，我不是想说服你不追求效率或轻视自己的工作。我想达到的目的恰巧相反。我认为，在自己的岗位上做出成绩，力求做到最好是很好的事。但我更想强调的是，不要"过分强迫"自己，不要陷入拔苗助长的怪圈。

重要的是及时识别"现在已经够好了"的信号。时刻提醒自己思考"现在够好了"吗？只有经过这样的训练，你才能够恰到好处地找到合适的点。

---

① 德国十大主要城市之一，德国东部仅次于首都柏林的第二大城市。——编者注

在很多公司里，过度追求完美意味着员工的身体会出现不适，无法承受压力，有可能崩溃并且患上其他与压力过大有关的疾病。过分追求完美将直接影响工作效率，因为它会导致工作中出现的错误不被视为学习的机会。把"完美"作为企业文化，错误会被视为瑕疵。但是员工只有被允许犯错并大胆尝试，才能够有所创新。因此，想创新就意味着要敢于犯错。我敢断言，过度追求完美至少会扼杀企业的创造力。因此，我很赞同下面这句话："做出完美决策的梦想阻碍了人们做出好的决策。"

> "只有不可能实现的才是真正的完美。"
>
> 达玛丽斯·维泽尔（Damaris Wieser，1977）

反对零缺陷的完美主义——论将某些事物排除在外的勇气

极端的完美主义者通常高度自律，这当然是个好的品质。高度自律的人对于其周围的人来说是可靠的，因此会被快速接纳。他们极具责任心，人们很快就会开始信赖他们。自律是完成任务时必备的品格，会提升人的自我价值感。如果你一直在做事却从未做成，慢慢就会对自己心生不满。举个例子，如果你在一个月后复盘，发现自己成功地做成了哪怕只有一件事，你也会为此感到满意，你会产生强烈的满足感；而如果你做了五件事，却没有一件事有结果，那么你通常不会收到任何积极的反馈。如果我们能做成自己想做的事情，我们就能信任自己，这可以提升我们的自信心和自我价值感。

前文提到，我曾经担任软件行业的销售主管。当时公司面临一个挑战，就是销售部门的人总感觉研发部门的人没有真正在做事。一方面，我们一再把市场的新需求反馈给研发部门，但是我们感觉想将这些需求落实到产品上要等待很久；另一方面，研发部门的人也感到很不满，因为他们觉得销售部门不停地提出要求。他们已经竭尽所能应对，但是由于新要求层出不穷，他们的任务仿佛永远没有做完的一天。而且他们感觉自己的辛苦付出没有被认可。对此，公司需要找到一个行之有效的解决办法。

在进行了一次工作坊后，公司建立了新的框架。我们组成了工作小组，每个小组负责一个总体的主题。其中一个小组由来自各个部门的人员组成，包括研发部门的人员、提供支持与保障部门的人员、项目经理等。这个小组的人员从各自负责的领域得到评价票（开放研发），并根据这些评价票给出任务优先级和时间节点。之后实施计划，在此期间，每个对应的小组里不会分配新的任务。通过这种方式，每天大家都能够通过具体的图表看到项目的进度。研发部门和销售部门都能够清晰地看到现在计划进行到了哪一步，哪项工作何时已经完成。这样的话，项目进展对于各个部门来说一览无余。每个项目的参与者都可以看到任务量在一天天减少，直到最后被完成。我们恰恰需要这种成功的体验，它可以激发我们的工作热情，帮助我们完成任务。任务进展的可视化帮助我们的团队能够持续保持热情高涨的工作状态。

如果只是埋头工作，看不到任何成果，看不到任务的进展，看不到未完成的工作在一天天变少，我们马上就会失去工作的乐趣。当我们能在工作中找到乐趣时，自律可以帮助我们提升自身的工作热情。如果我们失去了工作的热情，可能也会慢慢失去自律这一品质。为了不让这样的事情发生，我们应该确保自己能够及时跟进工作进展，为工作的推动感到高兴。

如果我们在工作中事事都想做到完美，过分计较细节，沉醉在病态的完美中忘记最后需要"交付"任务，那么我们就面临着将结果抛之脑后的风险。工作的目的是得到满意的结果，实现目标，产出某些产品，起到某种作用，优化和客户之间的关系。此外，对细节的纠结和因追求绝对完美所产生的损耗，会阻碍我们发挥创造力，打击我们进行探索与尝试的热情。害怕犯错是导致这一结果的主要原因。在我看来，执着于完美在职场上是逃避犯错的一个借口。

永远追求零缺陷的完美主义者会竭尽其所能避免犯任何错误，不管他们将为此付出什么代价。

有的人宁愿一直处于寻求最完美的解决方案的途中，也不愿面对完成一项工作的过程中因接受评估和批评所产生的压力，因为评估结果可能是他们犯了某些错，甚至是他们的工作是彻底失败的。

如果你想要战胜自身对完美主义的执念，应该学会用理智且开放的态度看待失败。简单来说，尝试做正确的事情，但是不要把重点放在避免犯错上。缺陷和遗憾是必经的，不犯错难以成长和进步。要允许别人向你提出批评，看到隐藏在每个批评里的改进建议。当然，前提条件是这些批评是客观的。如果批评实事求是，那么你就要不带任何偏见地接受批评并从中学习。完美主义者常常倾向于把客观的批评看成针对其个人的指责。他们不会对批评持开放态度，不能批判地看待自己，也不能使批评成为自我成长和发展的助力。

完成一件事，与缺陷共存，从错误中学习，要做到这些都需要勇气。能够做到的人才能发展出坚定的自信心。你可以把自信心想象成一块肌肉，你越训练这块肌肉，它就越强壮。在一定范围内，若你不断增加负重，肌肉则会不断变强壮。只有在你不断独立自主地做出决定、训练自信心时，你的自信心才能得到发展。

完美的团队——噩梦还是祝福

在职场中，团队协作非常重要。我们需要分析一下，在团队协作中完美主义到底意味着什么。

何时一个团队才算完美？如果一个团队是完美的，就能得到想要的成绩吗？或者一个不那么完美的团队才是更好的团队？

在深入探讨这个问题前，我们首先看一下团队中的完美主义者起到了怎样的作用，一般情况下，人们又是怎么与他们相处的。

将团队里的完美主义者视作补充

从某个角度来说，对一个团队来说，完美主义者很重要，因为团队需要确保工作的精细度。完美主义者可以透彻地分析话题，确保任务完成的质量和精确度。他们需要确保任务能够达到超出预期的效果。他们在自己擅长的领域都能力不凡，能仔细考虑一件事并且坚定地完成任务，有时甚至有些一意孤行——因为他们追求的是一切都完美！以上这些都是对于一个团队和团队工作很有价值的品质。但恰恰就是这些品质可能造成了问题。完美主义者对团队工作来说很有帮助，但他们同样也可能阻碍和干扰团队的发展。他们的固执可能会影响团队的效率，因为他们从不会对任何事情感到满意，可能会导致团队错过交付期限，给整个团队带来麻烦。他们很可能会与团队中其他性格的成员产生矛盾和争执。重要的是，如何使完美主义者融入团队，安排他们承担哪些任务，以及每位团队成员之间如何有效进行沟通。在团队中，想与完美主义者相处，需要十分敏锐的感知，要既能从领导的角度考虑问题，又能从其他团队成员的角度思考。

当我作为商业培训师开始计划一些新的研讨课时，我首先需要找到内容。找到内容后，我需要准备与研讨会相关的文件、练习册和幻灯片。在完成类似的任务时，我工作相当高效且一心只想尽快完成计划，因此会有一些粗心大意，犯一些错误。如果要在短时间内完成很多事情，这些错误是很难避免的。但好处是，我可以快速完成很多事，并且可以将我的很多想法变为现实。在我所处的行业，这是非常重要的品质，因为（和许多人一样）我的时间有限，并且通常按天计算酬劳。当然，研讨课的课件中应该尽量避免错误，因此我的团队中需要把控细节、优化质量的成员，他最好是乐于做这项工作的人。这项工作不需要完成得很快，但需要完成得仔细，因此非常适合典型的完美主义者，或者说需要能够有所产出的、不极端的完美主义者。我清楚自己的优势和劣势，因此能够很好地应对工作并弥补自身劣势。在团队中，能由一个成员的长处去弥补另一个成员的短处是件很关键的事。在我个人的例子里，我不够仔细的短处由一名擅长把控细节的完美主义者弥补。这对于整个团队来说大有益处。

让我们假设一下，如果由我去完成把控细节的工作，让完美主义者构思新的研讨课内容，那么整体工作效率则会大大降低，项目也很可能会失败。如果角色和任务不匹配，那么项目很可能会完成得很差或根本达不到预期目标。至关重要的一点是，团队中的每一个人都应知道自己的岗位职责和能力，并且为完成自己分内的工作尽最大努力。只有这样，团队才能高效协作。只要任务分工还存在，那么完美主义者就有用武之地。

但这同时也意味着，如果团队中没有完美主义者，团队会失去平衡，那么此时团队领导或团队负责人应该为团队吸纳一名完美主义者；如果团队中全是完美主义者或完美主义者太多，团队协作很可能难以展开。

在团队中如何与完美主义者相处

完美主义者喜欢自己一个人工作，他们不想让别人告诉他们应该怎么做，因为他们自己知道如何正确行事，至少他们是这么认为的。如果你想让一个完美主义者高兴，你就只能"顺便"指导一下他的工作，而不是深入指导，那会让他的自尊心受挫。他不需要别人教他如何正确行事，更喜欢自己独立做决定。当然，这样做也会带来风险。如果给他完全的自主权，他就会充分利用这一权力并且可能会在这方面投入相当长的时间。在此过程中，他很有可能会再次囿于细节。如果有一个任务需要快速得出结果，那么你就必须不停地催促他，就算他并不喜欢这样。

如果你是一个团队的负责人，那么你只有向团队中的完美主义者布置明确的任务，向其说明你期待得到怎样的结果，他才有可能遵守时间节点完成任务。否则他可能会因为完善细节而一点点延长交付时间。当然，这也和具体的任务有关。你应根据具体的任务，判定自己应该给他多少时间。

在与完美主义者相处时要经常使用"赞扬和认可"这个工具。认真负责的人尤其喜欢别人认可他们的工作成果，并且对他们的工作给出积极评价。在做出的成果完全令人满意之前就表达赞扬对于达到目的通常是很有效的。长此以往，完美主义者就能理解，他们对工作认真负责的态度是令他人满意的。这样做可能会让他们不再对自己要求过于严格。

但是，完美主义者还是很少会对"95%的完美"感到满意，因此在必要情况下，有必要及时向他们说明一项任务的目标。要与他们详细沟通你想要的是什么结果，尽可能准确地定义做到什么程度算完成了目标。举个例子，如果他知道所追求的目标是95%的完美，可能就会放弃对100%的完美的执念，接受95%的完美，并对这个结果感到满意。

在团队中，与完美主义者相处时还有一点非常重要，就是委婉地表达对他们的批评。因为完美主义者追求事事完美，对批评相当敏感，如果被批评，对他们来说将是很大的打击。作为完美主义者的领导，你应该考虑这一点。

花点时间思考

· 作为团队的负责人，你到目前为止是怎么和团队里的完美主义者相处的？

· 你想要如何改进和他们相处的模式？

· 你是否应该重新考虑你所在团队的组成方式？

利用个性模型获得良好的团队协作结果

上文"花点时间思考"部分的最后一个问题引出了我即将分析的话题：我之前已经说明，一个团队的人员组成意义重大，在团队中将完美主义者放到正确的位置，对于取得好的结果尤为重要。如果你想以合适的方式打造一支团队并为每个岗位选择合适的人选，那么个性模型可能会对你有所帮助。在商业领域，人们会利用不同的工具广泛使用个性模型，工具和模型的种类与数量很多，我在此只想举两个典型的例子。

> "完美的人完美得不像人。"

瓦尔特·卢丁（Walter Ludin，1945）

第一个例子是"DISG"模型。在我的《服务荒漠德国——热情地销售》一书中，我曾详细介绍了这个模型。当然，除该书之外还有很多介绍这个模型的文章。如果你对这个话题感兴趣，你可以查阅相关文章。在此，我只是想让读者在构建团队时可以有意识地思考自己需要何种性格的人，并且确保读者知道一些模型可能会对自己有所帮助。"DISG"模型以一种简单的方式解释了不同类型的人的行为方式，可以帮助人们组建当前的最优团队，使团队效率最高。但是，实现上述目标的前提是每位成员都能明确自己的角色，知道自己的角色任务。在这个模型中，总体来说划分了四个行为维度：

- 主导型（D，通常行动快且以任务为导向）；
- 自发型（I，通常行动快且以人为中心）；
- 持久型（S，通常行动慢且以人为中心）；
- 责任型（G，通常行动慢且以任务为导向）。

总而言之，一个人并非只有一种行事方式，而是四个行为维度的结合体，只不过不同的行为维度的表现程度有所不同。在某些情况下，四个行为维度中的一个会表现得最明显。在实际情况中，通过调查问卷，我们可以轻松分辨出最受欢迎的行事方式。在不同环境下，人们采取不同的行事方式，但是一个人的主要性格通常是不会变的。多数情况下，人们在不同处境中的表现会属于上述四个行为维度。该模型不仅适用于团队协作，它在涉及与他人相处的很多领域都十分有用，比如销售领域、管理领域和个人生活领域等。

我想要谈及的第二个例子是英国学者梅雷迪思·贝尔宾（Meredith Belbin）的理论。他曾深入研究一个人的性格特点如何影响其行为，不同的人又适合怎样的角色。贝尔宾划分了九种团队角色，并且列出了每种角色的优势和劣势。他把这九种角色分为三类。

· 行动型角色：执行者、完美主义者、实干者。

· 沟通型角色：协调者、团队工作者、拓路者。

· 知识型角色：更新者、观察者、专家。

根据贝尔宾的理论，这九种角色为一支团队的成功组建搭建了良好的框架，能把不同类型的人的能力都利用起来并使之互补。但是，由于该理论本身比较复杂，想在实践中应用也比较困难，因此我个人更倾向于更简洁明了的"DISG"模型。

可以想象的是，在实际应用中，我们不是总有机会以最优的方式组建团队，举个例子，我们的团队可能无法囊括贝尔宾划分的九种角色。

此外，就算能按照自己的评估组建最优的团队，团队中的成员也可能不会按照我们的期待行事。这是因为每个人都会根据自己的负责领域、合作伙伴、所处位置和具体任务调整和改变自己的行为。

在实际应用中，人们常常犯这样的错误：无意识地组建一支团队，完全不思考其配置，只是被动接受它的存在。

经证明，有意识地组建一支在能力、个人优势和劣势、个性及行事方式等尽可能广泛的方面互补的团队是很有必要的。如果每个成员都能知晓并接受其他成员的优势和劣势，更利于团队工作的开展。因为这样的话，每个成员都能理解他人行为背后的原因，知道自己应该如何应对不同的状况。理解会让人们互相体谅，互相体谅的氛围能够促使一个团队更高效，抵抗风险的能力更强。

如果每个团队成员都能更好地走近彼此，了解彼此，待完成的任务就可以被更有针对性地分配，更高效地执行。

我（也）是一家投资公司的股东，这家公司的主业是将产品交易推广到线上商店中并参与线上商店的运营。有一次，一家从事户外装备行业的客户找到我们，他想要将他的产品推广到线上商店中并进行营销。在进行多方考量和评估后，我们决定接下这个项目。为了更好地完成该项目，我们需要在公司内部成立一个任务小组。为了能更好、更快地完成任务，我们仔细思考了这个小组中的成员需要具备怎样的特征。我们首先需要一个能迅速开展计划、制订方案框架与结构的人，这个人还应具备一定的领导能力。每个团队都需要一个领导者或团队负责人。我承担了这个角色。在"DISG"模型中，这属于主导型行为维度。这种类型的人能快速开展工作，取得进展并且通常以任务为导向。

除此之外，我们还需要一个和供应商联系的人，这个人要承担与对方沟通协商的任务，维护我们的合作关系，要具备与他人友好相处的能力。在"DISG"模型中，这属于自发型行为维度。这种人行动迅速，以人为本，善于沟通且富有创造力。来自销售部门的同事承担了这个角色。

当然，每项日常工作也需要专人管理，必须有人负责商店的日常运营，关注商品的价格结构是否合理，库存记录是否正确等。这些任务需要一位勤奋、可靠的执行者。在"DISG"模型中，这属于持久型行为维度，这种类型的人做事相对较慢，以人为本且能可靠地完成所有任务。这项工作也十分重要！我们的项目经理承担了这个角色。

最后，我们还需要一个精通法律条款、了解数据保护的人，他需要监督要交付给客户的一些文件和声明，对这些文件和声明做最后的把关并检查所有细节。在"DISG"模型中，这属于责任型行为维度。这种类型的人通常做事较慢，以任务为导向。在此，我想把这种类型的人称作完美主义者。我的合作伙伴承担了这个角色。

在分配任务时，通过充分考虑每个人的性格，每个团队成员都找到了最适合自己的位置，更好地发挥了自己的作用。每个人都知道各自在这个团队中承担什么任务，这样就能预先避免一些冲突。直到今天，这个团队中的每个人仍在发挥各自的优势，为这个团队贡献自己的力量。

完美主义者也很好地融入了整个团队，我们向他清楚说明了要交付成果的时间节点，并且向他强调，如果能够按时完成任务，即使只是 95% 的完美，客户也会感到非常满意。

因为我们事先已认真考虑这个团队需要哪些性格的人，哪些人具备这样的性格特质，所以才组建了一支高效的团队。在日常工作中，有时出于某种原因，某位团队成员会缺席，无法工作，那么他的部分工作可以交由另一位同事完成，尽管这位同事可能不是完全和岗位匹配，必须适应自己的新工作任务，但就算他不能像原来的那位成员一样出色地完成任务，也可以做到基本圆满地完成任务。因为他事先已经很好地了解了相应职位的工作范畴，所以能够较快上手完成任务。在足球场上，我们也能看到这样的现象。在较正规的比赛中，一名球员有时可能无法像在俱乐部中一样踢自己熟悉的位置。他必须习惯新的位置和任务，快速进行相应调整，就算他无法 100% 地发挥自己的优势，依然可以出色地完成自己的任务。

如果你能很好地将完美主义者融入团队并且激发他们的热情，劝说他们放下过度的完美主义倾向，向其展示他们对整个团队和项目的重要性，那么完美主义者对于团队来说绝对是一笔不可多得的财富。要想做到上述几点，就必须在组建团队时多花些工夫。

在大多数情况下，一个团队只有由各种类型的人组成，才能发挥更大的效能。具体需要哪些角色及各个岗位的重要程度，则根据具体任务的不同发生变化，这与设定的目标有关。有些任务追求高效，有些任务强调精确度。大多数情况下，优秀的团队配置可以为成功打下良好基础。

以现实的目标冲上职业巅峰

某种程度上，职场生活其实和个人生活没什么不同：我们在实现目标的道路上，都会遇到必须战胜的阻碍，走得越远，阻碍越大，为了达成目标需要付出的努力就越多。因此，如果我们早早认识到每个问题中都隐藏着发展的机会，对实现目标将大有帮助。许多人相信，如果所有好事都发生在自己身上，自己才算是幸运的，但照我看来，情况恰恰相反。

> 成功是战胜困难的奖励。走出职场困境，战胜种种挑战可以提升我们面对压力时的自信心、满意度、抗压能力和复原能力。

在我们的生命中，目标是很重要的驱动力，在工作方面尤其是这样。目标可以助力职业发展，促使我们取得更高的成就。通过达成一个个目标，我们感到自己有能力做好一件事。每当我们完成一个目标，自信心和自我价值感都会得到提升，自己会不断成长。让我们成长的不仅是目标的实现，还有我们走过的那些路。那些路上充满崎岖和坎坷，想要战胜它们，我们必须花费精力去学习和成长，努力寻找答案去战胜困难。正是这些挑战激励我们在职场生活和个人生活中不断向前，不断得到新的成长机会。

想象一下，你想要迅速攀登一座山，站在山顶是你最大的梦想。到达山顶有两种方式：第一种方式非常简单，你乘缆车上去；第二种方式是徒步爬上去。你选择了第二种方式。

为此，你做了充分的准备：给自己买了舒适的登山鞋，穿上了和天气相适宜的衣服，在背包里装上了可口的面包，也预备了足够的水。为了确保安全，你甚至还拿了一个急救包。然后，你开心地吹着口哨，朝着山顶进发。一开始，道路很宽阔、很平整，不太陡峭，你爬得很轻松，感到很舒服。这点强度对你来说小菜一碟。你享受着大自然的风光，路过一群牛，用心倾听牛脖子上铃铛的声音，然后你又看到了一群山羊。继续向上攀登，你渐渐感到费力，脚步越来越沉重，你不能悠闲地吹口哨，并且在临近中午时决定在草地上歇歇脚。在休息的时候，你吃了可口的面包，享受片刻的宁静。积攒了新的力量后，你继续出发，离山顶还有好长一段路，你想要在今天登上山顶。道路越来越难走，越来越陡。你感到越来越吃力，有种丢掉背包的冲动。随着道路更加陡峭难行，有时你不得不手脚并用。现在，你必须用尽全力才能继续攀登。你看向山顶，感觉好像没多远了。你重整旗鼓，继续攀登。到达山顶的时候，你早已筋疲力尽，但是内心充满了欢乐。你倚靠在山顶的巨石上眺望远方，看到了远处的卷积云，也看到了另一座山的山峰仿佛被你踩在脚下。这是怎样的一种感觉？你为自己能战胜所有困难成功登顶感到无比自豪。这种感觉棒极了！你战胜了自己内在的懒惰，战胜了外界的艰难险阻，达成了目标。你为自己感到骄傲，一种幸福感油然而生。

现在想象一下，你没有徒步爬山，而是乘坐缆车上山。自然风光很美，视野开阔，你也度过了美好的时光，之后又乘坐缆车下山。这种情况下，你的心情又是怎样的？你能感觉到二者之间的差别吗？

在工作中，这意味着，如果我们能努力战胜困难，战胜自己内在的懒惰，我们会产生一种特别的感觉。在此过程中，我们会逐渐发展出一种难以言说的力量和精神。当然，在我们感受到压力的当下，我们希望所有障碍都不存在。但是，恰恰是这些障碍调动了我们的情绪，在我们达成目标后，让我们有一种欣喜、圆满的感觉。

然而，其中也蕴含风险。如果我们承受了巨大的压力，想要达成宏大的目标，攀登职业的巅峰，却只因力量还不够功而败垂成，那时可能会体验到完全相反的感觉。如果这样的事情一再发生，我们总是不能达成目标，总是在最后一刻放弃，那么我们很有可能会感觉自己很无用，质疑自己的价值，觉得自己说了大话，没有信守对自己许下的承诺，也可能会变得越来越小心、谨慎，不愿意接受更多、更大的挑战，再也无法达成目标，这会给我们带来很多消极影响。因此，制订切实可行的计划，制订一个个阶段性目标十分重要。

要清晰地制订阶段性目标。当阶段性目标实现后，我们可以为此欢欣鼓舞，也可以为自己感到自豪，给自己一点奖励。

要有意识地看到自己已经完成很多事情。阶段性目标的完成标准可以设置得稍微高一点，这样我们的潜意识会激发出更多的执行动力。当然，这个完成标准也不应定得过高，目标要和能力相称。在职场上，很多时候我们的任务不能由自己决定，我们只能接受任务，而这些任务常常与我们的能力和想法并不匹配。在很多企业里，有关任务和目标的表述都很笼统，对所有的员工都使用一样的标准，无法考虑到每名员工的优势和发展的可能性。这常常会导致我们的内心很矛盾，因为这些目标可能与我们的想法相悖。如果我们感到目标不现实甚至不公平，那么我们就不会为了实现目标而奋斗，相反，我们会抗拒工作。

一段时间前，我为一家人才外包公司做了培训，其主业是为其他公司雇用员工。这家公司的目标任务很明确，由于其工作性质，公司规模在不断扩大。为了激励销售部门的员工为公司赚取更多利润，这家公司制订了非常高的目标销售额。当然，如果员工完成了目标，能够获得可观的收入。这家公司共有 30 名销售员，其中两名销售给公司带来的利润明显比其他人多得多，另外还有 5 名销售员，他们落后这两名很多，但是比剩下的其他人要好得多。目标销售额仅针对这两名金牌销售员制订，对他们来说，这个目标是可以实现的。但对剩下的人来说，要在规定的时间内完成给定的目标，几乎是不可能的。即使是对那5名还不错的销售员来说，要实现目标也需要付出特别多的努力。在接下来的一年，目标的制订方式并没有变化，但是公司的销售额却下降了。在我的培训课上，我能够感觉到销售员们的不满，他们觉得目标的制订不合理。在讨论环节过后，我确定，他们认为这些目标相当不切实际。实在太高了，自己完全无法企及。大多数销售员在内心早就放弃了实现目标。有一个很奇怪的现象：如果我们在开始做事前就认定某件事情无法完成，那么在潜意识的"帮助"下，我们真的会失败。在这种情况下，制订目标并没有促进和推动我们进步，反而造成了懈怠和不满。我和我的客户，也就是这家公司一起做的第一件事就是——努力调整员工的心态。我们要让员工看到，目标并没有制订得过高。毕竟30名销售员里有7名销售员认为这个目标是可以实现的，并且与此同时，也有23名销售员持相反意见。但是，所有人的工作环境、发展机会都是相同的。那么，肯定是7名优秀的销售员的行为举止、工作态度和剩下的23名不一样。因此，那23名销售员首先应接受一个事实，他们必须先调整自己的工作态度和行为模式。

之后，我们一起做了第二件事，就是找出其他销售员的销售额比金牌销售员的销售额低的原因，我们想分析这个原因。当然，每个人都是特别的，都有不同的自我要求、行为方式、工作态度和性格，世界上没有完全相同的两个人。但是，通过鼓励其他销售员向金牌销售员学习，缩小其与金牌销售员之间的差距，是一件很可能做到的事情。

第三件事是让制订的目标和每位销售员相匹配。重要的是将目标的制订建立在对每个人的需求和动力的分析之上，并且要将大的目标分解成一个个阶段性目标。团队负责人要在适当的时候给予每名销售员必要的帮助和支持，让他们能够完成目标。如果一个阶段性目标没有完成，大家要聚在一起商讨未完成的原因以及接下来的应对方法。在这一系列举措的推动下，最后除了两名销售员，所有人都完成了他们的目标。这家公司最终也实现了其目标销售额。这也向我们展示了制订可实现的、匹配个人能力的目标的重要性。

在制订目标时常常出现一个问题：到底是什么在驱动你行动？你为什么想要实现这个目标？达成这个目标对你来说意味着什么？对你来说，实现这个目标有多重要？这些问题决定了你的潜意识对于该目标愿意付出多少努力，也决定着你在遇到困难时是选择放弃，还是不断寻找解决问题的办法。

放弃不是办法

只要还有可行的办法能实现目标，就不应考虑放弃。

我回忆起了我之前在巴黎的一场培训。一家公司为员工举办了一场时长为两天的培训。为此，这家公司专门预订了一家酒店，届时会有 30 名参与者从德国各地到达这家酒店来参加我的培训。培训于上午 11 点开始。我决定从科隆机场乘飞机到巴黎。由于时间安排上的冲突，我没有办法像以往那样，在前一天晚上就到达巴黎。在到达机场后，我被告知航班取消了。现在怎么办？一大群人还在等着我，改乘另一趟航班也来不及了。我马上动身前往科隆火车站，想要乘坐从科隆开往巴黎的火车，但是到火车站后，等待我的又是一个糟糕的坏消息：火车也取消了！也没有其他的车次能让我准时到达巴黎。怎么办？30 个人还在等着我呢！我让自己先冷静下来，想想还有没有别的选择。其实当时只剩下了一种选择，那就是驾车前往，这样时间还够。但是意外的情况又出现了，在经过亚琛时，高速公路被堵住了。在彻底绝望前，我决定改走另一条高速公路。走另一条路的话时间很紧张，但是应该来得及。最终，我在培训开始前一小时成功到达巴黎，走进了那家酒店。

只有当我实在没有办法遵守约定的时间，当到达目的地的最后一条路也被堵住，当我的经济能力没有办法支撑我到达目的地时，我才会放弃。

"我们最大的弱点就是放弃。迈向成功的路往往就是，再试一次。"

托马斯·阿尔瓦·爱迪生（Thomas Alva Edison，1847—1931）

勇于直面缺憾——在准时方面则不然

完美主义在一个方面几乎只有优点，那就是守时。守时是一种美德，在守时方面，我是个完美主义者，是它的推崇者，而且我相信，在这方面完美主义是加分项。我从不迟到，真的是"从不"。我认为迟到是对他人缺乏尊重的表现。如果我没有遵守时间约定，那么一定是发生了很严重的事情。迟到就相当于白白浪费了对方的时间，因为迟到的一方觉得，别的事情比这个约定更重要，享有更高的优先级。在工作上，"时间就是金钱"这种说法也是成立的。不仅自己的时间很宝贵，对方的时间也很宝贵。工作计划表、每日流程、会议安排等只有在各个时间的齿轮都能完美啮合时才有用。不守时不仅会打乱自己的节奏，也会让身边人的生活安排受到干扰。

想象一下，你可以许一个愿，见到世界上任何一个你想见的人，但是只有 30 分钟的见面时间，你可以询问他任何问题。你会见谁？再想象一下，见面约在晚上 6 点，这个人只有 30 分钟能留给你，只为你预留了这段时间，你会在什么时候到达见面的地点？我很确定，你至少会提前 10 分钟到场。你会怎样安排出行方式？会不会把所有可能出现的意外情况都纳入考虑范围？

现在你很可能想反驳我说，不是所有的约定都有如此重大的意义。但为什么不是？如果你已经决定要赴约，那就意味着你要投入自己生命中宝贵的一段时间，你也期待对方的到来。如果你已经决定投入生命中的一段时间赴约，说明你看重这个约定，那么你就应该对这段时间表示出你应有的尊重。守时不仅展现出你礼貌的态度，也表达了你对自己和对方的尊重。因此，不管是工作方面还是私人交际方面，在我要与某人碰面时，我常常会考虑发生意外情况的可能。我不会在路上耽误时间，总会提前到达约定的场所，并且会利用这段空闲时间完成某项任务或阅读书籍。通过这种方式，我在一天中的不同时段都赢得了额外的时间（至少我自己是这么觉得）。我的压力值也因此大大降低。

但是，过度的完美主义或过度守时有时也可能是缺点。有时，和我约好时间见面的人可能并没有准备好，如果一个人过早地拜访，可能会使对方感到不适。因为大多数人不会想到对方会早到 10 ~ 15 分钟，更多的人以为对方会晚到 10 ~ 15 分钟。有一次，我和一群朋友约好一起为一位朋友庆祝生日，就像往常一样，我提前 20 分钟去拜访他。朋友的妻子不得不穿着浴袍接待我，对我而言，这非常令人尴尬。准时这个美德在这里就展现了它不好的一面。

在工作中也是如此。你的商业伙伴规划好了时间节点和日程安排，通常这些安排严丝合缝。如果你过早出现，那么对方很可能会感觉很糟糕甚至感到抱歉，因为你的谈话对象不得不让你等待他，或者必须改变自己原有的规划。这样做不是成功谈话该有的基础和前提。

守时可以展现出我们对其他人的尊重。但是，在守时方面过度追求完美可能会给谈话对象带来压力，最终造成尴尬的局面。

完美主义会影响效率吗

在我开始讲述职场中完美主义对工作成绩有何影响，完美主义如何影响工作成绩前，我想通过自己的经历先明确一下这个问题。

我有个拥有一幢小房子的邻居。一年春天，我看到他准备粉刷房屋，但是当时他还没有真正开始粉刷。他搭建了脚手架，这项工作持续了一段时间，因为脚手架要百分之百稳固。我感觉过去了差不多两周，他才开始下一步。但是他这次也没有真正开始。首先他要扒掉原来的墙皮，而且是要全部扒掉，必须达到完美，一处不落。这项工作也持续了一段时间。差不多又过了两周，他要开始粉刷了，但是这次能真正开始吗？并不能。他还要把所有的边边角角用小刷子先清扫一遍。差不多又是两周过去了，这次他真正开始刷墙了。整个粉刷的过程一直持续到了秋天。之后他又开始了拆解工作：先拆掉外面的保护膜，再拆掉固定的胶带，最后拆掉脚手架。这是个真正意义上的年度大工程。

在天气转凉前，我也想重新粉刷我的房子。想到邻居的故事，我想我应该雇用一名粉刷匠。我可不想也不能像我的邻居那样投入那么多时间。但是，有一天风和日丽，天气晴朗，我决定自己动手粉刷。我相信自己能在两天之内完成这项工作。我从车库里取出油漆，把房屋重要的、不需要粉刷的部位粘上胶带，用纸板保护起来，然后爬上梯子，开始粉刷。整个粉刷过程持续了两天——周五和周六。我打电话给我的父亲，请他来查看一下我和我的邻居的墙面。我太想知道两幢房子重新粉刷的墙面有何本质差别了。鉴于我只花了两天时间而我的邻居花费了大半年时间完成粉刷工作，我认为我们肯定会有所区别，而且区别会很大。但是我的父亲并没有看出有何区别（要知道我的父亲在这方面可是专业的）。

对我来说，这再一次说明追求完美会降低效率。有条理、高质量地完成一件事虽然是高效率的前提，但是我们不应该纠结于不重要的事情，被一些对于最后结果无关紧要的小事绊住。

我想再强调一遍，追求完美会降低效率，在工作中也是这样。

我的一位好朋友开了一家广告事务所。他想为这个事务所雇用一位销售代表。我的朋友请我为这位新员工做个单独的一对一培训，让他能够顺利开展业务。此次培训的目标是：解答他的疑问，使他能够尽快熟悉业务，展示产品，为公司签下订单。我的任务是和他练习做到这些事需要的销售技巧。明确了任务和目标后，我们开始了为期两天的高强度培训。他从我这里了解到了重要的销售技巧，学到了如何成功地介绍产品，如何推导出合理的结论。第三天，我和他进行线上练习，向他展示了如何和客户约定时间。在接下来的一天，也就是培训的第四天，他应该独立自主地开展工作，并定时向我汇报进展。但是我整整三天都没有收到他的任何消息。我给他打电话询问发生了什么，事情进展得怎么样。他对我说，他还没有开始电话业务，还在为此做准备。我感到很吃惊，问他想要做什么准备。他说他还在考虑要不要买一个书桌，他的电脑上还缺一个软件。而且，他还没有起草打电话时的对话大纲。天啊！我以为他早在三天前就开始这项任务了！这种对完美的执念真的对他的工作效率起到了反作用，他陷入了完美主义的泥潭。

想要做些准备、知道打电话时的详细流程当然完全没有错。但是这位员工的做法只会妨碍他达成既定目标。

他并没有真正达成目标，也就是快速开展业务、解决问题、取得效益，而是朝着相反的方向前进。

对完美的执念可能会让我们和目标南辕北辙，让我们过于纠结小事和不重要的细节，却不会给我们带来任何进步。我们作茧自缚，失去对全局的把控。很多时候，我们必须接受不完美。正如我之前详细阐述过的，在特殊的情况下完美有其存在的必要性，但我们并非一直都需要完美。

> 药物可以治病，但是过量的药物反而会给健康带来负面影响；适度的完美主义是好事，但是过度的完美主义或夸张地追求完美则不是好事，它会使人感到不幸。

为了能够成功，你必须尝试去做一些事情。你在做尝试的时候可能会犯错。如果你总想把所有事情都做对、做完美，就会导致你无法从挫折和失败中吸取经验教训。你要有允许自己犯错的勇气，如果不允许自己犯错，你会阻碍自己的成长，阻碍自己做出成绩，无论工作方面还是生活方面，都是如此。

第 6 章的思想火花

· 遵循你内心的直觉，不要让那些质疑者妨碍你的计划，干扰你的想法。

· 不会有完美的适合换工作的机会。仔细考虑后再做出决定才能达到目标。

· 如果你想要换工作，不应该等待别人为你指出一条完美的道路。你自己要具备勇气，就算现状不完美，也要敢于迈出第一步。

· 犯错是自然的学习过程。不犯错就不会有发展和进步的可能。要改变你对错误的理解。我们会在挫折、阻碍和犯错中成长。

· 请让自己告别零缺陷的完美主义。

· 作为团队的负责人，在建立团队的时候，要注意把完美主义者融入团队，使其能够成为积极承担责任的角色，这样整个团队也能从中受益。

· 给自己设定合理的目标。你对自己的要求应当合理，过度的完美主义会阻碍你成长并取得成绩。

勇于直面缺憾，
找寻幸福

幸福就在我们身边，我们只需要发现并且接受它。试想，如果我们在路上看到一张 10 欧元的钞票，我们肯定会毫不犹豫地弯腰捡起来。但是，如果我们在路上看到幸福在招手，我们很可能会不敢相信自己的眼睛，不敢将其收入囊中。我们常常有一种感觉，就是自己不配拥有幸福。因为钱是我们自己遇到的，所以我们会毫不犹豫地捡起来，但是在追求幸福的路上，我们常常自己为自己设置很多阻碍。为什么会这样？怎样做才能收获幸福？

从生活的艺术谈起

　　我和我的家人坐在我们位于西班牙马略卡岛上的种植园里一起吃早餐，餐桌上摆着新鲜的草莓。我非常喜欢配着多汁草莓的黄油面包。对我来说，世界上没有比这更美味的食物了。当我一口咬下去时，那种美妙的滋味很难用语言形容。我很享受那个早晨，阳光明媚，天空上飘着面纱一般轻薄的云彩。那是四月的一天，天气微凉，穿一件薄薄的毛衣正好。所有这一切都使我当时的感觉很美妙，因为天气还没有热得过分，我们感到很舒适。我喜欢这种清新的空气，它能带给我能量。坐在餐桌上，我可以看到我们种植的柠檬树和橙子树。在自己家的树上看到新鲜的水果，那种感觉令人很难忘怀。

在那个瞬间，我问自己，要是一个完美主义者，他会怎样评价这个场景？我设身处地地想了一下。

　　我现在坐在马略卡岛上的一个小小的种植园里，要是这个种植园再大点就好了，我要是有更多土地就好了，要是再多拥有一两个房间就更好了……我和我的家人一起吃早餐，他们在吃早餐时总是进行相同的对话，单调且无聊，他们就不能在吃早餐时闭嘴吗？桌上有新鲜的草莓。我喜欢新鲜的草莓搭配黄油面包，但是现在还不是吃草莓的最佳时期，草莓有一点点硬。我更喜欢再软一点的草莓。我坐在这里，享受着这个清晨，现在是四月，空气稍稍有点凉，要是温度再高一点就好了。在餐桌上我可以看到我们种植的柠檬树和橙子树，树上挂着的果实并不多。要是枝头沉甸甸地挂满了果子，我觉得会比现在更好看。这个清晨很不错，但是还可以更美好。

同样的场景，但是得出了完全不同的体验、感觉和评价。我的结论是：

你如何看待和评价一件事、一个瞬间和一个场景，完全取决于你自己。从哪个角度观察非常重要，但是总有一种看待事物的方式能够让你（更）幸福地看待事物。

你自己决定，是看到积极正面的美好事物，还是总在鸡蛋里挑骨头，觉得事情还不够好。如果你总在鸡蛋里挑骨头，那么你肯定能找到骨头。帕斯卡·梅西耶（Pascal Mercier）的《语言的重量》（*Das Gewicht der Worte*）一书中写道："只有错过自己人生的人才会不停地怀念他们能够成为的样子。"

再说回上面的那个场景，在准备那顿早餐的时候，我当然是按照我喜欢的方式准备的，但是确实存在可能会影响我心情的因素，而且要改变这些因素，需要花费极大的精力和时间。首先我必须接受当天的天气。在我四月驱车到马略卡岛的时候，我就知道温度不会达到30℃，最高温度也只会有20℃。当然，草莓的硬度和颜色我也没办法改变，它们就是原本的样子，无法改变。但至少在这个季节已经有草莓吃，这当然是件好事。如果我不喜欢这些水果的样子，我就会选择去吃别的水果，并且享受那些水果的味道。

"正是小事组成了完美，但是完美却不是小事。"

莱昂纳多·达·芬奇（Leonardo da Vinci，1452—1519）

这句话也被认为是弗雷德里克·亨利（Frederick Henry）的名言。

我认为，完美主义者总想让自己周围发生的事都符合自己的期待和想象，这使他们备受煎熬。他们不能接受很多事物本来的样子。有时候，事情可能只是一件再平常不过的小事。当然，我们应该尝试改变事物，但是在很多情况下，我们必须接受事物本来的样子，接受自己对于改变事物无能为力。认识到何时改变事物、追求完美是有意义的，而何时必须接受事物原本的样子，其中蕴含着生活的艺术。许多人正是败在了这一点。对他们来说，区分这两种不同的场景非常困难。

幸福只需要我们下意识地感知美好的场景、结果和体验，而非总在心中思考如何使整件事情变得更完美。比起追求给我们带来幸福的感觉，追求完美更有可能阻碍我们感到幸福。

对我来说，找到追求完美和接受事物本来样子之间的界限也是件很难的事。

一段时间前，我们计划要去集市。时间有点晚了，但是还来得及，我对此期待很久了。和我比起来，我的家人在逛集市前常常需要更长的准备时间。在我们还没出门的时候，我就已经有点生气。我把一切都设想好了，想早点到达集市，感受马略卡岛上那种熙熙攘攘的氛围，并且把它定格在我的记忆里。逛集市就得早点去，至少我一直都是这么认为的，为什么我的家人不能满足我的期待，为我做出一点点改变？

我们比我计划的时间到得更晚。在去集市的路上出现堵车，我们不可能在集市关门前到达集市了。你可以想象我当时的心情，我离情绪爆发仅一步之遥。但是，总体来说并没发生什么严重的事情。毕竟我们可以选择改天再去集市，这样想可以帮助我转换心情。我在脑海中有一个对赶集完美的想象，当现实和我的想象不符时，我的世界崩塌了一小部分。

在我让自己冷静下来后，我们去了海滩，天气刚刚好。我当时的想法是："其实，这个天气躺在沙滩上比在热浪里逛集市好多了。"这次"夭折"的集市之行还是让我耿耿于怀，于是我在网上寻找替代活动，而且我真的找到了：我看到一个有趣的报道，报道中提到了一个很小但很特别的集市，它算得上是这个小岛上最漂亮的集市了。最幸运的是，第二天正好是集市开放的日子。

回过头看，我们甚至庆幸于错过了那次集市，我们不仅在沙滩上度过了美好的一天，并且还有机会在第二天逛一个漂亮的小集市。

如果我们去了第一个集市，那么我就不会上网搜索，更不会注意到之后逛的那个漂亮的小集市。

对完美的追求常常会阻碍我们把眼光放到其他可替代的事物上。我们如此执着于自己"完美的想象"，被一叶障目，看不到其他的可能性。

我自己对此深有体会。

当我们到达沙滩的时候，沙滩上没有躺椅。在这个季节，相关的服务还没有开放，因为为时尚早。我们只能把毛巾展开铺在沙滩上，躺在上面。我必须承认，我有点被惯坏了，我非常想要一个能够按照我的需求调节的躺椅，躺椅上最好还铺着厚厚的垫子。但是现在不具备这个条件，所以我只能躺在沙子上。哇，那个感觉非常棒！沙子被太阳晒得暖烘烘的。毛巾之下的沙子带有一种舒服的温度，有点像地暖。沙子异常细腻，我把脚埋在沙子里，觉得非常舒服，那感觉简直太棒了！我沉醉于那个瞬间，尽管这原本只是我们的第二选择。

生活中常常是这样：原本不在计划内的选择突然变成了比计

划更好的选择。如果我没有成功调整自己的情绪，告别我那完美却不切实际的想象，我和我的家人一定不会在沙滩上度过那么美好的一天。

寻找"完美的幸福"

我认识许多无法着手做一件事的人，他们在人生中几乎从未离开原点去冒险、犯难，因为他们总是在周密计划、精心算计每件事，所以他们从不开始做事。不得不说这是一件很令人遗憾的事情，因为我们的生命是有限的。你现在能预料到十年后发生的事情吗？你知道自己在十年后是否有实现梦想的可能吗？你知道生命为你准备了多少意料之外的情景吗？请再一次问自己：你有很想实行，却因为种种原因到现在都没有实行的计划吗？如果有，现在就开始着手去做吧，不要再浪费一分一秒。我现在50岁了，慢慢地我发现，我的很多熟人，很多与我处于同一年龄段的人都已不在人世。这些故去的人再也没有机会实现他们的梦想，再也不能落实任何计划。我可以说，我大部分时间（虽然不是全部时间）在做自己想做的事情，我在做的事情正是我感兴趣的。我很少会浪费时间一直等待所谓的万事俱备的时刻。可能我有时过早地开始了一两个计划，过早地做出了决定，也因此走过一些弯路。但是，如果我明天就要离开这个世界，至少我可以说，我的大部分梦想都实现了。

因此，不要让你对完美的没必要的追求阻挡了你追梦的步伐，不要被恐惧束缚了手脚。鼓足勇气，开始行动。走自己的路，享受自己的人生。接受人一定会犯错的客观现实，接受自己可能会选择一两条错误道路的事实。你可以看到，这种想法的转变会对你产生多么大的根本性影响。你可能觉得我把事情想得太简单了。你可能认为，现在不具备实现梦想和愿望的条件，而且你有具体的相关原因。事实可能确实如此。

但请仔细观察那些你列举的原因，分辨一下它们是不是只是表面的原因。可能这些原因背后还有很多深层次的原因，可能阻止你行动的是你对行动的恐惧：你害怕改变，害怕兑现不了自己的承诺，害怕收到他人的负面评价……仔细分析一下背后的原因。如果最后你判定这些恐惧是可以战胜的，你可以找到解决问题的方法，那最好不过。也有可能，你意识到自己应该迈出第一步了。那么请让自己去冒险，去战胜自我，放手去做，这可能会为你带来难以置信的幸福瞬间。

很多人把幸福和成功混为一谈

从很小的时候开始，我们得到的教育通常是尽量追求成功。成功的定义似乎非常单一，判断成功的标准似乎就是能赚到钱。"孩子，在学校要好好努力，以后才能过上好日子。"说这句话的人口中的"好日子"可能指的不是你今后能幸福，而是你能得到一份好工作，并且有机会赚大钱。很少有人会考虑到，我们怎样才能过上幸福的、满意的生活，我们怎样才能在生活中体会到尽可能多的快乐。我们常常会认为，当我们成功后，自然就会收获幸福和快乐。

前段时间，有一位医生请我去做培训，他的儿子学习医学，患有睡眠障碍。他的儿子给自己施加了巨大的压力，整天被他自己对于失败的恐惧折磨，尽管实际上他的成绩非常好。他的父亲不想把他直接送去接受医学治疗，而是想让我找出使他患有睡眠障碍的原因，研究出解决方案。在培训的过程中，我询问了他很多问题。我想知道他有哪些爱好，在空闲时间会做什么，什么事能给他带来快乐。

后来，我得出一个结论，他所做的一切都是为了实现某个目标。他踢足球是为了证明自己，取得好成绩。这无可厚非，但是在对踢足球的描述中，他从未用到"快乐"这个词。他不能找到一个单纯因兴趣或喜欢而参与的活动。他做每件事都是为了让自己成为成绩优异的人。这当然无可厚非，把自己正在做的每件事都做好、对自己严格要求是好事，但问题在于，他做某件事的动力源于自卑感。我问了他一个问题：踢足球能给他带来快乐吗？他的回答是，以前能，但现在他更看重成绩。之后我又问他，为什么要选择学医？他的回答是："我认真想了想，我怎样才能赚到很多钱。"我马上意识到，他的爱好会给他带来压力，他的学业也会给他带来压力，他为自己选择了一份永远也不会怀着热情和奉献感去从事的职业。事实上，正是他自己在不断地给自己施加压力。

当然，在选择职业时，考虑这份职业是否能让自己拥有想要的生活是非常合理的，但是，如果选择一份职业的原因仅是"会赚很多钱"，那么出发点则是完全错误的。在第5章中我已经提到，赚钱和成功不一定与幸福有关。如果这位医生的儿子的职业目标不仅是赚钱，而是用赚来的这些钱去做一些事情，那么我觉得这就是个可以接受的理由。他可以拥有美好的旅行、漂亮的房子、一辆游轮，也可以去帮助他人、实现自我价值，这些都很好。因为这样，他的动力源于自身，而不是源于为了向他人证明什么。

从根本上来说，将自己的愿望与成长结合起来，要求自己做正确而有意义的事情，才能更好地实现目标。

他在各个领域都想做到最好，这并不是什么坏事。在我看来，这是一种积极的性格，但更重要的是，要找到合理的平衡。他需要参与一些不是为了做到最好而去做的活动，参与这些活动的目的单纯是感受到欢乐、放松和幸福。

> 每个人都需要完全出于兴趣、喜好和天性做一些事情，这无关压力、竞争和目的。通过做这些事情，一个人能完全做自己，激发自己的情绪。这些事情能够帮助我们找到平衡，给予我们力量，帮助我们纾解压力。做这些事情的目的就是真正做自己，活出自我。

医生的儿子显然没有注意到这类活动的重要性。但是现在，他对学业和事业的态度发生了一些转变。他认真地追问自己为什么要赚钱。他还没有找到答案，但能够反思也算一种进步。

我们需要勇气去做一些让自己感到快乐的事情，就算这些事情乍看没有什么用，或者不会给我们带来一些物质上的好处，但是如果我们能把自己的焦点和注意力放在追求幸福上而不是追求成功上，那么许多事情都会变得更简单、更值得去做。这不是让我们放弃对成功的追求，或者不对自己提出更高的要求，而是让我们拓宽自己的眼界，认识到生活中新的可能性。不把成功和幸福混为一谈的人，能够从这种视角转换中看到新的机遇，并且尝试把握住新的机遇。

决策能力强的人往往更快乐

对于极端的完美主义者而言，做决定非常困难。在第 6 章我提到：每个决定中都隐藏着犯错的风险，因此人们需要再三检验。完美主义者通常相信：收集到的信息越多，越能更好地做出决定。他们常常会不停地推迟做决定的时间，因为他们害怕做出错误的决定，宁愿不做决定也不愿犯错。但是，这种行为可能会让他们犯更大的错，逃避做决定会阻碍自身的发展，会导致个人成长停滞或倒退。

> "完美主义者想把每件事都做到完美，这是一种高尚的品德。但是他们对生活、对自己都爱得太少了一点。"
>
> 马克西米利安·安特斯（Maximilian Anthes, 1984）

在我看来，能做出决定的人通常更自由，因为他们常常感觉自己能够掌握自己的人生，很少觉得自己受到外界的操控。此外，喜欢做决定、能做出目标导向型决定的人，通常会被外界认为是自信的人。这也就意味着：通过做决定，个人的自信心和自我价值感自然而然地得到增强，决断力可以促进一个人更好地发展。通过做决定，一个人可以赢得更多的认可和赞扬，更容易被所处群体接受。我的经验是，决策能力强的人更容易受到大家的喜爱，也更容易被提拔，在职业的阶梯上也上升得更快。

在信心增强和外在肯定的共同作用下，你会激发出自己内在的动力——这是一种从你的内心中激发出的力量，它很强大，可以不断推动你前进。由此，你可以更喜欢自己的事业，满足感和幸福感也油然而生。

如果连我们自己都不能接受自己，别人如何能接受我们呢？对自我优化、自我成长和自我提升的追求是不受限制的。欣赏自己、喜欢自己的人，通常可以专注于自己的积极品质和强项。因此，我们可以得出如下结论。

你可以学会如何提升决策能力，这是个过程。

如果你天生就是个不喜欢做决定的人，并不代表你不可以被改变。不只是在大事上，在小事上也需要做决定。如果你在日常生活中的小事上能够做决定，那么在大事上做决定也会相对容易。因此，你需要做的就是从小事开始，尽可能多地做决定。

> · 你站在超市的冰柜前，想要买一款比萨，你要买哪个呢？相信你的直觉，短暂思考后做出清晰的选择，不应思考太久。
> · 你想要和心上人去看电影，应该看哪部电影？再次提醒你，短暂思考后做出清晰、明确的选择。相信自己的感觉。
> · 饭店的服务员问你，你想为自己的沙拉选什么酱汁。请服务员说明备选的酱汁，短暂考虑后做出选择。

　　每天都有千百件小事需要你决定，这是你锻炼自身决策能力的好机会。你应利用所有可能利用的机会，这样在很短的一段时间后，你就会发现，你更愿意做决定了，与此同时，你也会发自内心地产生一种幸福感。

　　在我女儿 12 岁的时候，有一段时期她不想为任何事做决定。不管在何种情境下，每当我询问她的意见，她总是说："我不知道。"或者"爸爸，你是怎么认为的？或许我们应该去问问妈妈。"她几乎在任何场合都没表达过自己的态度，告诉别人她想要什么。对她而言，不是对完美主义的追求导致她不想做决定，而是因为害怕伤害他人，或者想要取悦他人，才无法做决定。她共情能力很强，但就是这种想要让所有人都满意的执念，最终导致她无法在任何场合表达自己的观点。这一情况越来越严重，发展到她在饭店里对于想要点什么饮料的回答都是"我都行"的程度。当我愈发清晰地认识到她这种行为背后的原因时，我首先向女儿说明，做出决定并不会伤害任何人，当然也不能取悦任何人，因此她可以放心而坚定地做出她的选择。然后，我们开始训练决策能力。每当她不想做决定，我都要求她做出决定。我要求她衡量"要"和"不要"的权重，之后做出选择。当我们再一次坐在饭店里吃饭的时候，我问她："你想要喝点什么？"她的回答还是："随便，我都行。"在服务员走到我们面前为我们下单的时候，我替她做了决定，点了一杯菠萝汁，我知道她最不爱喝菠萝汁。在饮料被端上来，我女儿喝了第一口后，我能从她的脸上看出她的感受。这时，我向她指出，这就是不做出明确决定的结果。如果不做决定，那么就很有可能得到最不想要东西。从那以后，在饭店吃饭时，我的女儿再也不会回答"随便，什么都行"这种话了。我的女儿会清楚地表达需求，做出决定。这也使得她的自信心和自我价值感显著提升。我觉得，从那以后，她变得更快乐了。

> 在解放者漫游的田野里，
>
> 有很多事需要做，
>
> 他看啊，学啊，不能休息，
>
> 在脑海中酝酿着许多事情。
>
> 突然之间，这个老实人明白了，
>
> 一个最好的道理：
>
> 大地永不歇息，
>
> 而不是人！

约翰·沃尔夫冈·冯·歌德（Johann Wolfgang von Goethe，1749—1832）

听从你的直觉

决断力不总意味着人能从所有可能的角度出发观察事物，恰恰相反，思虑过多有可能起反作用。所谓"过度分析使人麻痹"说的就是这个现象。分析会推迟做决定和采取行动的时间，不去行动的人当然无法做成任何事。

两位科学家蒂莫西·D. 威尔逊（Timothy D. Wilson）和乔纳森·W. 斯库勒（Jonathan W. Schooler）证明了这一点。雷纳·齐特尔曼在他的著作《富豪的心理》（*Psychologie der Superreichen*）里写到了这一点。按照这一研究结果，思虑过多的人并不一定能做出更好的决策。威尔逊和斯库勒给两组人做了对照实验。一组人被要求按照直觉做出决定，另一组人则被要求详细写出做决定时的所有依据和分析，并且还要反省这个决定。结果显示，凭直觉做出决定的那组人做出了更好的决策。凭借直觉做出的决定可能更好，这是个有趣的新发现。但要注意的是，我们不能认为这个结论适用于万事万物。我不想误导你们，让你们不加思考，仅凭直觉做事。我想要达到的目的是，让大家意识到，在做出决定前无止境地搜集大量信息并不一定可以帮助人们做出更好的决策。

通常，仔细进行衡量，搜集更多的信息，兼顾直觉，就足够了。有时候，仅仅依靠直觉恰好是正确的决策方法。

因此，在许多情况下，我都建议你考虑自己的感受和第一直觉，因为这是基于我们潜意识中的知识进行的判断。相信自己的直觉，其实就是相信自己的潜意识，因为潜意识常常通过感觉的形式表达出来。

因此，要相信你的潜意识给你提供的信息。如果你的内心深处有一个目标，有想要达成的心愿，你的潜意识会支持你做出决定，引领你朝正确的方向行走。要相信逐渐积累在潜意识里的经验和知识，你在潜意识中吸收和学到的知识比你有意识地学到的知识要多得多。但是，由于潜意识的表达通常并不明确，因此要格外留心潜意识的表达，它有时仅是一种感觉，仿佛在告诉我们："这可能是正确的道路。"我们的理智根本不知道我们为何会产生这样的感觉，这种感觉自然而然就产生了，并告诉我们这可能是个正确的决定。在我们做决定时产生的第一想法通常也是正确的，这种想法同样也出自我们的潜意识，这种奇特的现象大多无法用言语说明。

生命的意义——人的基本哲学任务

克斯廷·库尔曼（Kerstin Kullmann）在一篇文章中提到，有三件事对于人的幸福很重要：一是必要的物质基础，二是和谐的社会关系，三是尽可能看到"生命更高层次的意义"。

要想回答如何获得幸福感和满足感这个问题，找到生命的意义这一话题至关重要。问题是：我们如何找到生命的意义？这是个大问题。30多年来，我一直都在研究个性发展这个主题。在我参加过的有关这一主题的每个培训课和研讨班上，我都会听到"要找寻生命的意义"这样的观点。培训的老师说："只有你找到真正的意义，你才能够成功。"我做的是我喜欢的事情，我充满热情地生活，在我看来，我过着令人满意的、无忧无虑的成功生活。我给自己设定的目标都相继实现了，我从事着我为自己选择的职业。这些都使我感到快乐。那么，我能够宣称自己已找到生命的意义了吗？

我必须承认，我做这份职业还有一个理由，就是我可以以此赚钱。这可能会使有些人感到震惊，但是事实就是这样，我工作的一部分原因就是我可以以此赚钱。我是个普通人，需要足够多的金钱来维持我想要的生活水平，而且我对生活品质的要求很高。但与此同时，我为自己找了一份可以给我带来快乐的工作，一份符合我的天性和内心愿望的工作，毕竟我要花费人生中很大一部分时间从事这份工作。有时我会被问道："如果世界上的钱都属于你，你会用它做什么？"我的回答是，基本和现在差不多，只是我会花更多时间在我的种植园上，会更频繁地旅行，更频繁地骑摩托车出游。我的各种活动的重心可能会转移。我还是会举办讲座，还是会写作，因为这些事情让我觉得生活很充实，觉得我没有虚度光阴。

我不是那种可以整天无所事事的人，我需要有一些活动。就像现在，我在周六的下午，坐在阳光下写作，但是我不觉得这是在辛苦地工作，因为这件事给我带来了乐趣。但是我能说这是我生命的意义吗？老实说，我不知道。关于"生命的意义"这个话题，一代又一代的哲学家不停地追问，但是很少有人得出令他们满意的答案。人可以只为自己而活吗？某个人真正实现了生命的意义吗？谁知道呢！就像其他人一样，我也花了很多时间思考、分析这个问题并和他人讨论它，但我还是不能断定我找到了自己的生命的意义。

但是，找到生命的意义真的有那么重要吗？难道我们没有找到生命的意义，就不能收获成功和幸福吗？

可能出于对完美的执念和强迫症，我们太过于强调找到生命的意义，忽略了体会自己在生活中的美好感受。

我认为，比不停地寻找生命的意义更重要的是，关注自己在生活中的感受。我们应将时间用于过上自己想要的生活、感到舒适和自主做出决定。人类需要被需要的感觉，需要处于社会环境，需要自我实现和成长的感觉。每个人都有自己的优点和缺点，如果我们能够基于我们的优点，把人生掌握在自己的手里，而不是被他人所定义，那么我们就走在了正确的道路上。

如果我们能从所做的事情中找到乐趣，感觉生活很美好，不被对完美主义的执念和强迫心理绑架和折磨，并且允许自己时不时犯错，勇敢做自己，按照自己的想法做事，那么我们就无限接近被称为幸福的终极目标。

我们常常基于理性的思考或他人对我们的期待做决定，而不是倾听自己内心的声音做决定。

不久前，我去我的好朋友家拜访他，他新买了一辆车，是一辆小型的 SUV。这辆车看起来很漂亮，很适合他。我祝贺他买了一辆漂亮的新车。他听后犹豫了一会儿，然后说这辆车确实漂亮，但是他更想买一辆有篷货车，一辆可以供他在车里过夜的车。他一直梦想着开车兜风，然后在他喜欢的地方就地露营。当我问他为什么没买这样一辆车时，他的回答让我感到震惊。他回答道："因为我的母亲！"为什么呢？因为他的母亲认为，她很难登上一辆有篷货车，那种车太高了，而且她不明白自己的儿子为什么想要买一辆那样的车，都找不到合适的停车位。他已经是个独立、成熟的大人，但在 50 岁的年纪还被母亲的意见左右，以至于不能实现自己的梦想，只能买一辆从心底里不想要的车。这并不是因为他买不起有篷货车，而是因为他被母亲说服了，他让别人决定他的事情，他没有能力主宰自己的生活。他没有按照自己的意愿生活，只是试着让所有人都满意，却唯独忘记了考虑自己，忘记了考虑自己的需求和喜好，忘记了自己从心底里喜欢的东西。我把这种情况作为错过的人生的典型例子。

花点时间思考

请仔细考虑以下问题。

· 你在生活中何时会感到美好？

· 你喜欢做什么事，什么事能真正带给你快乐？

· 你要怎样改变自己的生活，才能在生活中做更多让自己快乐的事？

· 你怎样才能更好地回馈社会，为他人做贡献？

> · 你每天在做的事情有什么意义？你在多大程度上感到幸福和满意？
>
> · 你在生活中可以做出怎样的改变，从而使你的生活更美好？

　　要是我们做的事不仅能让自己进步，还能为整个社会做出贡献，那我们的生活就真正称得上是有意义的，因为我们不仅为自己做事，让自己感到快乐，还能给他人带去福祉。如果我们想要买一款车，那就去买；如果我们想从事某一职业，那就去做。有意义地安排自己的生活，乐于助人，自我促进，不断成长，这些都非常重要，能够为我们的美好生活保驾护航。我们的眼中和心中不应该只有我们自己，还要有我们身边的人。在生活中，不能仅以自我为中心，在不失去自我的前提下，眼中有他人，可以让我们的生活更舒适、更有意义。

　　我发自内心地认为，如果我们现在还没有找到生命的意义，甚至以后也不会找到生命的意义，并不是一个悲剧。更重要的是，我们要不断调整自己的生活方式，找到一种合适的方式度过自己的一生。

第 7 章的思想火花

· 生活的艺术就在于认识到我们何时应该接受事物本来的样子，何时需要追求完美。

· 不要让对完美的追求阻碍你将计划付诸行动。

· 要不断学习并且训练自己做决定的能力。决策能力强的人比决策
  能力弱的人更自信、更容易感到满意、更幸福。

· 你不要花费一辈子的时间寻找生命的意义，而要思考如何使自己
  的生活更美好。

一个不完美的结论

阿尔弗雷德·阿德勒（Alfred Adler）是个体心理学的创始人，他认为，对卓越的追求和自卑的感觉（不要和自卑情结混淆）其实不是一种病态的状态，而是追求自我成长的表现，根植在每个个体身上。对卓越的追求和自卑感都是发展的跳板。依照阿德勒的理论，我们永远不会对当下的状况感到满意，总是在追求进一步发展。在他晚期的作品《自卑与超越》（又名《生命对你意味着什么》）里，他写道："总觉得自己不如别人，这就是人的特点。"按照阿德勒所说，我们的自卑感越强，就会越努力弥补自身短板，这可能会导致我们有极端的完美主义的表现。阿德勒认为，正是对十全十美的追求使一个人不完美。据此，我得出了一个结论：人类生来就有追求完美的特质，重要的是要把这种对完美的追求有意义、适度地应用于个人的可持续发展和成长。

生活赋予了我们很多东西，我们要利用有限的生命做些什么，从何种角度出发看待生活，全由我们自己做主。如果这本书能够开拓你对"完美"这个话题的视野，让你从多个不同的角度感知这个话题，鼓励你重新思考自己对于完美的态度，那么就达到了我写作本书的初衷。我站在不同角度陈述了追求完美的优缺点，读者可能已经领会这一点。你或许能够更有意识地观察自己在完美这方面的做法，以此理解自己的做法并更好地做自己。

在此，我想和大家分享我最喜欢的一句话，它同样出自阿德勒的《自卑与超越》：

> "我们需要过这样一种生活，它让我们可以自我实现，可以实现我们的梦想，让我们做'我们自己'。"

我很乐意与大家分享为什么这句话对我如此重要。我们过的通常不是自己能决定的生活。很多时候，我们做的不是我们发自内心想做的事情，而是我们认为的别人期待我们完成的事情，或者我们做成之后会显得"更有面子"的事情。我们被媒体、伴侣、领导和身边围绕的许多人影响，以至于甚至觉察不到这一问题的存在。依照阿德勒的理论，我们所有行为都由目标驱动。不管我们说什么、做什么，我们总是朝着一个既定的目标前进。对完美的过度追求其实也源于某种目标设定。这个目标可能是被爱或被看到，也可能是想要证明自己，还可能是想要取悦所有人，或者是想得到认可。

什么是你个人的推动力及个人的目标？你为什么如此执着于追求完美？请仔细检查，你是在过你梦想中的生活，还是事实上你追求完美的想法导致你过一种由他人决定的生活。如果我们能实现自我，能实现自己的愿望和梦想，可以从容地做自己，我们会从生活中感受到真正的幸福。这句话是我最喜爱的句子，我由衷地认同这句话。要允许自己过上这样的幸福生活，允许自己做自己。不要过分在意他人对你的看法和评论。重要的是，要学会接纳和包容自己。如果能做到这一点，我们能在做事时感到更自由，同时又能做到兼顾大局。

能够尊重自己、接纳自己的人也能尊重、接纳并且宽恕他人。

阿德勒认为，对社会有用的感觉是唯一能使一个人感受到自我存在价值的事情，我完全同意这一说法。当然，我并不想让所有人，让本书的所有读者变成自恋的人。我们都需要"对他人有用"这一主观感觉，这可以帮助我们更好地感受幸福。除了对自己的看法，我们对社会的价值也是非常重要的。

最后，我想给大家一句忠告：要能接受不完美的存在，勇于直面缺憾，扔掉完美主义的包袱。直面缺憾的勇气让我们能够一直感到幸福。不要把自己困在对完美的想象之中，更不要把自己困在别人对你和你可能取得的成绩的期待之中。不要让完美主义的想法给自己戴上镣铐，阻碍自己的发展。适用完美的地方，那就去追求完美，但只能在适用完美主义的地方这么做。要找出完美主义在何时能够促进你的发展，而在何时又阻碍了你的发展。生命其实很短暂，我们不能总是纠缠于细节。完美只存在于旁观者的眼中，你要明白，我们永远无法真正达到完美，也不必达到完美。最要紧的是，你接受自己这个个体，让自己的生活过得有价值。享受生活，体会快乐，与人为善，感到满意——人生其实就这么简单。

祝大家都能过上不完美但幸福的生活。

有关完美主义者的评估及解决方案

0 ～ 10 分

"假冒的完美主义者"

完美对你来说根本不重要。完美这个概念和其他许多你认为重要的事情相冲突，因此，你并不追求完美。事实上，你很容易对自己取得的成绩感到满意，或者你也可以很快接受"事情就是这个样子""这就是生活"等观点。你从不要求自己或身边人要正确、有条理地做事。你接受事物的任何可能性。相比花费时间和脑力去思考自己做对了什么、做错了什么，你更乐意活在当下。你对自己和自己取得的成绩感到满意，根本不在意别人对你的看法。在这方面，你可以说是相对"自给自足的"，你自己决定怎样的结果对你来说是好的、可接受的，之后，你对这种结果也发自内心地感到满意。你有直面缺憾的勇气，你也期待其他人有这样的勇气。你知道错误是人生的一部分，在完成一项任务的时候，犯错也是常事，不可避免。你为已取得的成绩欢欣鼓舞，尽管有时它还有向上提升的空间。如果能有一点点对完美的追求，你可能会实现更多目标，有更多可能性。如果你更追求完美，便可以更好地激发你做事的潜能。尽可能完美地做成一件事可以让你在完成一件事后，有更多的成就感和自我实现感，这对你来说是有效的推动力。在本书中，你能够学到如何利用完美主义实现自身更多的可能。

11 ～ 20 分

"欠缺的完美主义者"

你在完美主义方面还稍稍欠缺一点，因此你最终取得的结果往往并不完美。一方面，你想要把事情做好；另一方面，你也能接受不好的结果。你对把事情做好、做得有条理的要求并不是特别高。你以你可能使用的方式尽力做事，这对你来说完全够用了。你不会给自己施加过多的压力，你的座右铭是："人不要把事情弄得太夸张。"你并没有给结果何时能称得上"好"下明确的定义，但正因如此，你也较少能体会到自我实现的快乐。当你意识到，如果自己再努力一点，多学习一些知识，能够达到怎样的目标，取得怎样的成就，你就会感到很快乐，这种自我实现的感觉令人感到自豪。

虽然有时你也会怀疑自己是否做得够好，但最后还是会对结果感到满意。其他人无法因为你完成得不够快而指责你，因为你给自己设定的标准谈不上高。其他人怎么看待你的成果对你来说并不是特别重要的事情，你也不期待他人能够完美地完成任务。对你来说，最主要的就是"做完了"。但是，总有些时刻会让你意识到，如果你再努力些，就能得到更好的结果。可能你身边的人也这么说。你有时会怀疑自己做得到底算不算好。这本书非常适合你，因为你可以从中看到提升一点对完美的追求可以提高你的效率，解锁你的无限可能，给你带来幸福感。其中的奥妙就在于找到平衡点。这本书会帮助你找到完美主义方面的平衡点。

21～40分
"健康的完美主义者"

在追求完美主义的几种程度中，你恰好居于正中间的位置。你想要把事情做好，但与此同时，你也理解事情并不总是需要做到完美，但是要做到规律、有条理。你对完美有健康的追求，做事时充满自信，会追求完美但不会过度地追求，更不会病态地追求。你知道人都会犯错。当事情的进展不如你所愿时，你会生气，但是与此同时，你也很清楚地知道，不可能事事顺遂，如人所愿。你拥有直面缺憾的勇气，也并不苛求事事如愿。你可以找到追求完美和接受缺憾之间的平衡，就像你可以接受自己犯错一样，你也能允许别人犯错。你期待每个人都能尽全力做事，在某人草率行事的时候，你会感到愤怒。比起完美本身，你更看重在执行过程中投入的精力和做事的态度。对你来说，追求完美不是阻碍，而是顺利完成工作的推动力，它可以使你更好地完成任务，实现目标。

现在，你发觉自己在追求完美这个话题上表现得很好。在你把本书放到一旁前，我还是要建议你读一下这本书。这本书对你也有用处，你可以从中找到看待完美的另一种方式，找到让你在追求完美的路上感到更幸福、更高效的建议和启发，并不断进步。

41～50分

"极端的完美主义者"

你是个真正的完美主义者，你的某些行为举止甚至已经有神经质程度的完美主义的苗头。你现在站在悬崖边上，离成为神经质程度的完美主义者只有一步之遥。把所有事情都做对的执念使你不能平静，无法喘息。就算某件事看起来已经完全结束了，但"结束"对你来说不意味着什么，因为你总觉得自己或其他人做得还不够好，肯定可以做得更好。你无法享受完成一件事的快乐，因为你总觉得可以做得更好。你喜欢打磨细节，完成一件事常常需要花费很长时间。你陷入了完美主义的陷阱，很难真正产生幸福感。

如果你是这么做的，那么本书能够帮助你以另一种视角来看待完美主义，你会看到自己对完美的极端追求怎样阻碍你变得幸福并有所发展。你对完美的极端追求是你发展道路上最大的绊脚石，好好生活不仅意味着把每件事情都做对，还意味着能够欣赏已经完成的事情，能从中获得快乐。

51～60分

"神经质程度的完美主义者"

你具备所有"神经质程度的完美主义者"（此处为了引起大家的重视，我特意采用了这个不太科学的称呼）的特征。你对自己和其他人提出了极高的要求。很明显，无论以何种标准划分，你都属于极端的完美主义者。把所有事都做对、做好的想法主宰了你的生活。你没有直面缺憾的勇气，也不会在事情做到"180%"前交付项目。如果事情不完美，那么你绝不会满意。你有很大可能会觉得，只有把一件事情做到尽善尽美，你看起来才有价值。就算实际上已经做得很好了，你还是不会为已经达成的目标感到高兴，因为你觉得事情本可以完成得更好，也必须完成得更好。你对自己的期待过高，对别人也是如此。你永远不会对别人感到满意，凡事都宁可自己做，因为你觉得其他人没有能力条理清晰地完成你交代的任务。神经质程度的完美主义在生活的很多领域中都会阻碍你感到幸福。"每件事必须做到完美"的执念使你无法认可自己已完成的事情。你很少真正做自己，活在当下，总是扮演完成任务的角色，满足别人现在及未来对你的期待。因此，你永远也无法对现在的自己和过去完成的任务真正感到满意。

现在可能正是解决这些问题的最佳时机，你应该跳出之前的自我，从外界的角度观察自己，发现你对完美的追求在哪些方面阻碍而非帮助了你的成长。这本书可以帮助你认识到你在完美主义方面的极端程度，它像一面镜子，可以帮助你更好地认识自己。你对完美的追求并不总是起负面作用，只是说，拥有直面缺憾的勇气能够让你更幸福、更感到满意，甚至可能更成功。好好利用这本书里的练习，试着一步步靠近你内心的幸福。